反原発運動四十五年史

西尾 漠

緑風出版

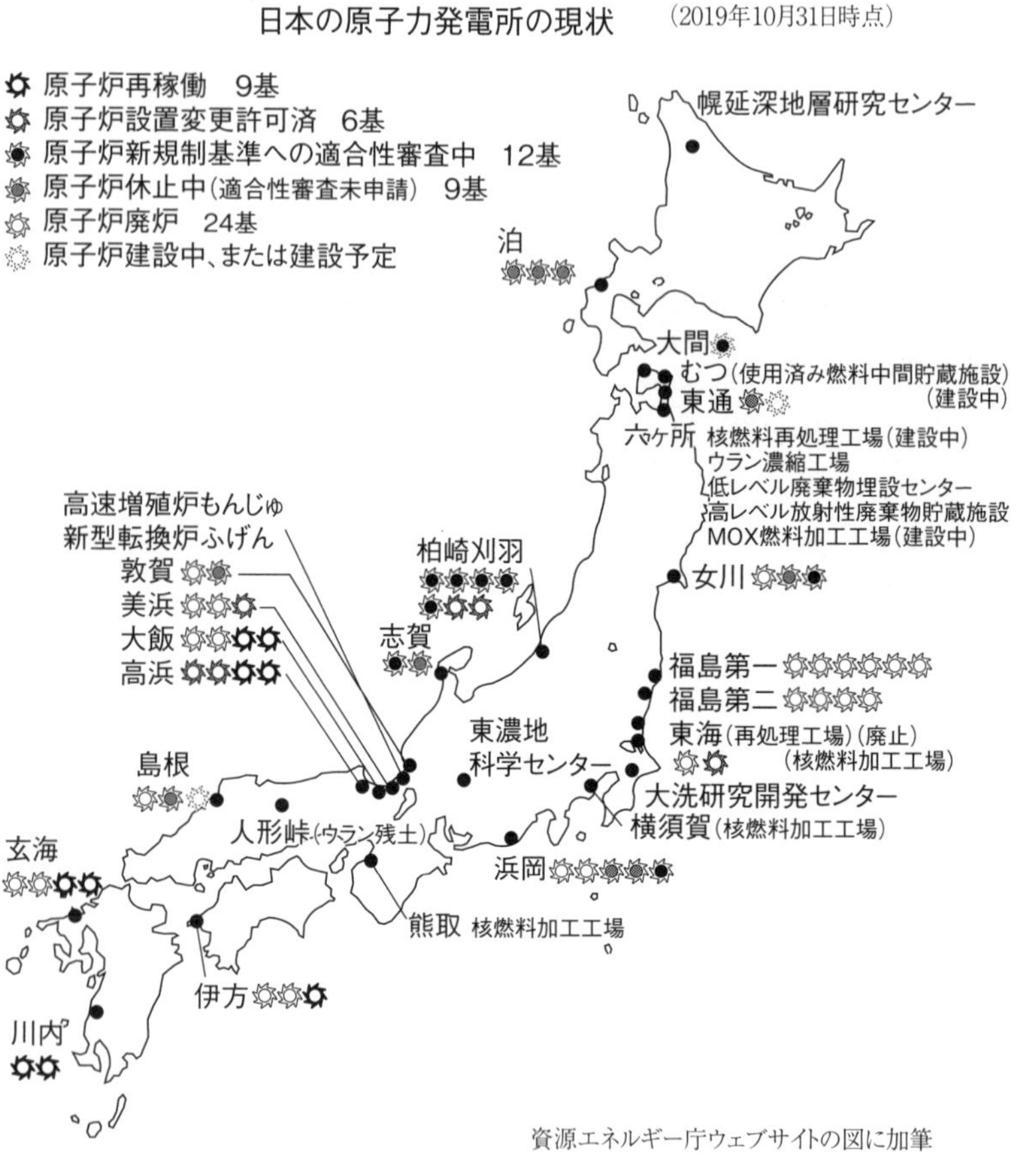
日本の原子力発電所の現状
（2019年10月31日時点）
原子炉再稼働　9基
原子炉設置変更許可済　6基
原子炉新規制基準への適合性審査中　12基
原子炉休止中（適合性審査未申請）　9基
原子炉廃炉　24基
原子炉建設中、または建設予定
幌延深地層研究センター
泊
大間
むつ（使用済み燃料中間貯蔵施設）（建設中）
東通
六ケ所　核燃料再処理工場（建設中）
ウラン濃縮工場
低レベル廃棄物埋設センター
高レベル放射性廃棄物貯蔵施設
MOX燃料加工工場（建設中）
高速増殖炉もんじゅ
新型転換炉ふげん
敦賀
美浜
大飯
高浜
柏崎刈羽
志賀
女川
福島第一
福島第二
東海（再処理工場）（廃止）
（核燃料加工工場）
東濃地
科学センター
大洗研究開発センター
横須賀（核燃料加工工場）
島根
人形峠（ウラン残土）
玄海
浜岡
熊取　核燃料加工工場
伊方
川内
資源エネルギー庁ウェブサイトの図に加筆

目次

反原発運動四十五年史

1988年4月28日、日比谷公園で思い思いのアピール

現場の声でつづる『反原発運動四十五年史』

二〇一九年十一月、反原発運動全国連絡会が発行する『はんげんぱつ新聞』は五〇〇号を迎えた。創刊は一九七八年五月。以来四十年余にわたってB四判四ページの新聞を毎月欠かさず出し続けてきた。その五〇〇号の足跡をたどることによって、現場の声で日本の反原発運動の歴史をまとめておきたいと思い立った。各現場の詳しい経緯についてはさまざまな書籍が出ている。『はんげんぱつ新聞』の縮刷版（最新刊はデジタル版）も役に立つだろう。本書は、その入り口としてご活用いただければ望外の喜びである。

便宜上「西尾漠著」としたが、大部分は各地の方々の報告記事の引用である。本書の収益は『はんげんぱつ新聞』へのご寄付とさせていただく。

著者は、創刊から今日まで一貫して『はんげんぱつ新聞』の編集実務を担ってきた。創刊時の編集長は高木仁三郎さんで、途中で編集長に就任したことになっている。とはいえ仕事の中身は、さほど変わっていないとも言える。現場の方に記事を書いてもらい、紙面に収めるのが仕事だ。

創刊当初は、郵便やファックスで送られてくる手書きの原稿を、写植屋さんに写真植字機で打ち込んで版下をつくってもらっていた。その後、版下屋さんにデータで入稿するように変わると、手書きの原稿については、パソコンに打ち込むのが仕事になった。そんなこともあって、ひとつひとつの記事にかなりの思い入れがある。とりわけ、紙面の都合もあって割愛せざるをえなかった記事に、思いの強いものがある。

著者が反原発運動にかかわりはじめた年が一九七四年だった。自身が共に歩み続けてきた四十五年史である。現場に居合わせたことも少なくない。現場の息遣いを限られた引用で伝えられるかどうかは心もとないが、できるだけ多くの記事を引用させていただいた。

写真も、樋口健二さん、島田恵さん、今井明さんをはじめ、全国各地の方々からご提供いただいている。初期に紙焼きで送っていただいて、返却せずに持っているものを載せることができた。いくつかは二〇一八年、創刊四十周年の記念企画で『はんげんぱつ新聞』の紙面に使用し、読者の方から、そうした「写真の数々が物語るかつての時代の運動の表情」が「人々への歴史的素材として有益」とお便りをいただいた。写真も、そのように見ていただければうれしい。

文中の人名や肩書きは、『新聞』掲載時のママである。引用させていただいた方々には、亡くなられた方も少なくない。本書をまとめながら、さまざまな思いが胸中を過ぎった。

一九五四年〜一九七三年　前史二十年

ビキニ水爆実験で被災した第五福龍丸

日本の原子力開発は、一九五四年から具体的な一歩を踏み出す。三月一日のビキニ水爆実験でマーシャル諸島の住民や日本の漁船団の頭上に死の灰が降った（ただし十六日の読売新聞報道まで、日本には知らされていない）。翌三月二日、中曽根康弘衆議院議員らの発案で、予算修正案として原子炉構築予算が突如提案され、可決されてしまうのだ。

「日本でも原子力の研究を」との考えは、一九五二年ころから、東京大学の茅誠司教授、大阪大学の伏見康治教授らによって提唱されてきたが、反対する学者も多かった。ただし、それを反原発運動と呼ぶことはできそうにない。原爆が示した強大な力を「平和利用」（アイゼンハワー米大統領が一九五三年十二月八日に国連で「アトム・フォア・ピース」の演説）するのだとの考えに対し、それこそ核開発に結びつくとしての反対論は、「有識者」のなかに閉じられていた。

反原発運動ならぬ反原子炉運動がスタートするのは一九五五年夏ころのことだ。五四年五月十一日に発足した原子力平和利用準備調査会が、原子力基本法（五五年十二月十六日成立）すらできていないのに、早くも研究用原子炉を輸入しての建設地を物色していた。浮上したのは神奈川県横須賀市の武山地区である。五六年一月二十一日の横須賀市議会で誘致の検討が始まる前からうわさが広がり、反対の声があがっている。他方で誘致運動も熱を帯びるが、四月六日には原子力委員会（一月一日発足）が原子力研究所の敷地を茨城県東海村《とうかい》に決めてしまう。正力松太郎原子力委員長は、はじめから東海村を本命としていたという。

日本原子力研究所には次々と研究用、動力試験用の原子炉が設置され、日本原子力発電（民間電力会社九社と国策会社だった電源開発の共同出資で一九五七年十一月一日発足）の東海原発も隣接して建設されることになるが、東海村で反原発の動きが表面化するのはやや後になってのことのようだ。

一方、反原子炉運動は関西に移った。一九五五年九月十三日、原子力委員会は、関西に大学共同利用のための原子炉を設置する意向を表明する。最初に候補地とされたのは京都府宇治市だ。放射能による宇治茶の汚染が懸念され、汚染されなくとも風評被害がありうると恐れた住民の強い反対で五七年七月二日、宇治市議会は反対を決議。その後、大阪府高槻市、交野《かたの》町（現・交野市）、四條畷《しじょうなわて》町（現・四條畷市）と、どこでも当該・周辺自治体住民の激しい反対で撤回を余儀なくされた。最終的に大阪府熊取《くまとり》町に京都大学原子炉実験所（現・複合原子力科学研究所）の立地が決まるのは、六一年十一月十七日のことである。

では、反原発運動の始まりはいつか。正力原子力委員長らの積極的な開発構想に尻を叩かれ、一九五七年二月二十二日、電力会社九社が原子力発電開発計画を決定する。このころから候補地として名前を挙げられたところで反対運動が起き、兵庫県御津《みつ》町（現・たつの市）立地を阻止したりしたところがあるというが、詳しいことは寡聞《かぶん》にして知らない。比較的あっさりと退けたのかもしれない。また、福井県川西町（現・福井市）など、ボーリング調査の結果、早々に放棄された地点もある。

本格的な反原発運動としては、最終的に白状撤回に追い込んだ芦浜《あしはま》原発反対運動が嚆矢《こうし》だろうか。一九六三年九月四日、中部電力の横山通夫社長が記者会見で「三重県南勢地方の海岸線の一地点に絞った」と表明、十一月二十九日の田中覚三重県知事の非公式見解をもとに、翌三十日、三地点を選定の記事が紙面に踊る。南島町《なんとう》（現・南伊勢町）と紀勢町《きせい》（現・大紀町）にまたがる芦浜、長島町（現・紀北町）の城ノ浜《じょうのはま》、海山町《みやま》（現・紀北町）の大白浜《おおじろはま》の三地点である。そこから芦浜に絞り込まれていくわけだが、新聞報道を待つことなく南島町の七漁協を筆頭に各地で反対の動きが起こっている。

一九六四年六月二十二日、南島町議会は原発反対を決議。一方、紀勢町議会が七月二十七日に誘致を可決して、田中知事と中部電力の三田民雄副社長が「芦浜に決定」と共同発表するに至った。その後も、六六年九月十九日に衆議院科学技術特別委員会の調査団（団長＝中曽根康弘理事）を数百隻の南島町漁船団が取り巻き現地調査を断念させた「長島事件」や、紀勢町でも六七年十月十八日に田中知事が来町しての説明会を若い漁民らがピケで阻止した「錦峠事件」など、漁民中心の運動が続く。

北海道電力の泊《とまり》原発、東北電力の女川《おながわ》原発、関西電力の日高《ひだか》原発計画など、各地で漁業権を守る運動が展開されている。

一九六六年七月二十五日に東海原発が営業運転を開始。さらに六〇年代後半に入って、日本原子力発電の敦賀《つるが》、関西電力の美浜《みはま》、東京電力の福島第一各原発の建設がスタート、七〇年三月十四日に敦賀原発、十一月二十八日に美浜原発、七一年三月二十六日に福島第一原発の各1号機が営業運転に入った（本文中「○号機」「□号炉」が混在している。引用のママであり、区別はしていない）。ガス冷却炉は東海原発のみで打ち止め。軽水炉時代の幕開けである。それは、その後の原発計画地における反対住民運動の幕開けでもあった。

一九七三年八月二十七日には、最初の原発訴訟である四国電力伊方《いかた》原発1号機の原子炉設置許可取り消し訴訟が松山地裁に提起された。つづいて十月二十七日には、日本原子力発電東海第二原発の設置許可取り消し訴訟が水戸地裁に提起されている。九月十八日には福島市で、東京電力福島第二原発の建設をめぐる日本初の原発計画公聴会が、原子力委員会の主催によって開かれた。東海原発の建設の際にも公聴会があったが、学者や知事、村長、電力会社、メーカー、労働組合といった狭い範囲の利害関係者の意見を聞くもので、住民の意見を聞く公聴会としては福島が初めてとなる。

伊方原発や東海第二原発の裁判では国が被告となり、原発は一地域の問題でないことを際立たせた。公聴会を国が開くことで、原発は一電力会社の問題でなく「国策」なのだと印象づけることになる。電力会社と地元行政を「敵」としていた反原発運動が、「敵」は国だと考えるようになる始まりが、このころのことだった。

一九七四年〜一九七八年　運動の全国化

原子力船「むつ」の原子炉を鉛ガラス越しに見学（むつ科学技術館）

概要

一九七〇年代半ば、原発立地の推進に国が前面に出てきた。一九七四年六月三日、いわゆる「電源三法」が成立し、六日に交付、十月一日に施行されたのだ。電源開発促進税という税金を電気料金に含めて徴収し、発電所周辺地域への交付金などに支出するこの法律がつくられた背景には、新規原発の建設が反対運動で難しくなっていたことがある。

東北電力の女川原発計画では、一九七〇年十二月十日に原子炉設置許可が出されながら、漁協が漁業権を放棄せず、建設に入れずにいた。北海道電力の泊原発計画でも、漁協が強く反対していた。中部電力の熊野《くまの》原発計画では、七二年三月十一日に熊野市議会が拒否決議をしていた。東京電力の柏崎刈羽《かしわざきかりわ》原発計画では、六九年十月の荒浜を守る会結成に続き、各集落に守る会が次々とつくられ、七〇年一月には個人参加の柏崎原発反対同盟が結成されて意気盛んだった。

電力会社まかせでは埒があかないと考えた政府は、原発を受け入れた自治体に多額の交付金を投下することで同意取り付けを図ったのである。施行された電源三法は、新規原発の立地促進という以上に、既設原発の増設に力を発揮する。原発を誘致したことが地域の活性化につながり、原発がなくなっても地元の産業で十分にやっていけるようになっていれば、原発の増設を誘致する必要はない。しかし実際には、原発が落とす金に依存して、原発からいかに金を引き出すかばかり考えてきた結果、原発をもつ自治体はどこも、原発からの金が入らなくなると、立ちいかなくなってしまう。そこで三法交付金が、魅力あるものに見えるのだ。

こうして国が前面に出てきた一方、消費者運動、労働運動の中からも反原発の機運が高まってきたことと連動して、運動側も、一九七五年八月に初の全国集会をひらくなど、現地と都市部のつながりを深めていく。

そうした中、茨城県東海村の東海再処理施設に対しては、計画が発表された一九六四年十二月以来反対運動がさまざまに取り組まれてきたが、七四年十月二日に化学試験が開始されてしまう。

さらに使用済み燃料を使ったホット試験に入るための日米交渉が始まったのは七七年四月二日だった。当時の日米原子力協定では、アメリカから提供されたウランの利用にはほぼあらゆる段階でアメリカの承認を必要としていた。けっきょく八月二十九日から九月一日の第三次交渉で、二年間に九九トンまでの再処理などで合意、九月十一日に共同決定、二十二日にホット試験が開始された。

七月二十三日には茨城県水戸市で、水戸平和問題懇談会などの共催で再処理工場稼働阻止総決起集会が開かれる。また、十月二十二日には原水爆禁止日本国民会議が、日本労働組合総評議会（総評）、日本社会党とともに水戸市で「東海核燃料再処理工場試運転中止要求全国総決起集会」を開き、翌二十三日にかけて「反原発全国活動者会議」を行なった。

一九七三年四月から掲載が始まっていた電気事業連合会の広告「みんなで考えよう日本の電気」が、七四年十月二十六日の「原子力の日」には「日本の原子力発電も11歳になりました」

と、初めて原発を登場させる。日本原子力文化振興財団による原発PRの大きな新聞広告「70年代―新エネルギー世紀のはじまり」が八月六日、朝日新聞でスタートしたのが七四年だった(日本経済新聞で五月三十日から「アトム三百科」という小さな広告が先行)。翌七五年以降、読売新聞、毎日新聞にもそれぞれ別の広告が掲載されるようになる。

原子力キャンペーンがスタートしたその時、皮肉にも一九七四年九月一日の原子力船「むつ」放射線漏れ事故が、原子力への不信を高めた。その不信を鎮めるため、原子力行政懇談会が設置され、七五年十二月二十九日に、原子力委員会から分離して原子力安全委員会を置くなどの中間取りまとめを首相に提出した(最終報告は七六年七月三十日)。ありていに言えば七五年一月二十九日にアメリカの原子力委員会がエネルギー研究開発庁と原子力規制委員会に分離されたことの模倣である。原子力安全委員会分離の先取りとして七六年一月十六日、科学技術庁の原子力局から原子力安全局が分離されている。

追いかけて七八年十月四日、原子力安全委員会が発足。原発推進の原子力委員会からの分離独立ではあるが、より大きな国家主導型推進体制の整備としてなされたものとも言えるだろう。同じ年の四月二十日に成立した原子炉等規制法の改正によって許認可行政の分担が改められた。許認可行政は各省庁にまたがっていて、一貫性を欠き、責任が不明確であるとの批判を受けていた。

そこで、研究開発段階の原子炉や核燃料サイクル施設、原子力船等は内閣総理大臣(実務は科学技術庁)、実用段階の原発は通商産業大臣、実用原子力船(存在せず)は運輸大臣の許認可を受けることにしたのである。この体制の狙いは、国民的批判にこたえるというより、原子力開発を通商産業省に一元化することによってスムーズに進め、場合によっては強権的に建設の促進を図ろうというものだと言える。

科学技術庁原子力安全局は一九七六年十月八日、低レベル放射性廃棄物を試験的に海洋投棄する計画についての「環境安全評価」報告書を原子力委員会に提出、了承を得た。「海洋投棄による被曝線量は自然放射線被曝より遥かに少ない」とするものである。八〇年代に本格化する海洋投棄問題の出発点だ。

このころ、反「むつ」・反原発・反再処理等々、全国各地で〝動員〟によらない労働者の反原子力への結集が目を引いた。火をつけたのは、豊北《ほうほく》原発をストップさせた電産中国地方本部の闘いである。豊北では、漁民の闘いと電産・自治労などの労働者の闘いが、みごとな連携を示した。全国の闘いの経験が持ち込まれ、また、全国に伝えられた。

一九七四年　運動の主役たちが顔をそろえる

『はんげんぱつ新聞』の創刊は一九七八年だが、出発点は一九七五年八月に開かれた日本初の反原発全国集会であり、さらに言えば同集会の開催を促した一九七四年という年だとも言える。

一九七四年という年について、著者はこう書いたことがある。

「一九七四年は、日本の反原発運動にとって、まさしく時代を画する年だった。

六月三日に成立し『立地推進の〝特効薬〟』と呼ばれた、いわゆる電源三法は、原発立地自治体に多額の〝地域振興費〟を交付することで反対運動を抑え込み、難航していた建設計画の打開を図るものである。それまで電力会社と計画地元住民の闘いであった反原発運動に、国が介入したことを意味する。

五月二十一日の九電力会社の電気料金値上げと、九月一日の原子力船「むつ」放射線漏れ事故、というか、それを報じた『週刊朝日』の記述への反発が、原子力問題への消費者運動の参加を促した。また、東京大学で公害問題の自主講座を開いていた宇井純、松岡信夫らの機関誌『自主講座』は、十一月十日発行の第四四号で初めて原発を特集した。そこから『自主講座原子力グループ』が生まれている。

前年六月の中国電力島根《しまね》原発1号機の試運転入りに際し、初めて原発反対の立場を明確にした中国電力の第一組合『電産中国（日本電気産業労働組合中国地方本部）』は、七四年の春闘で営業運転に入ったばかりの原発正門前を半日、ピケで封鎖した。一足早く原子力問題への取り組みを始めていた原水爆禁止日本国民会議は十一月九、十日に、関西電力が原発建設を計画していた和歌山県勝浦町で、日本社会党、日本労働組合総評議会とともに『第三回原発反対全国活動者会議』を開いている。すなわち一九七四年は、現地住民、労働者、科学者らに反公害運動、都市の住民が加わり、日本の反原発運動の主役たちが顔をそろえた年と言うこともできる」（『日本の原子力時代史』七つ森書館）。

一九七五年　第一回反原発全国集会

一九七四年に顔をそろえた主役たちが開いたのが、翌七五年の反原発全国集会である。八月二十四日〜二十六日、京都大学を会場に開かれ、全国から五一の住民団体と市民、研究者ら約六〇〇人が参加した。集会の正式名称は「反原発全国集会―生存をおびやかす原子力」である。住民団体が連絡をとりあってつくられた実行委員会を中心的に担ったのは、兵庫県浜坂町（現・新温泉町）、三重県熊野市、新潟県柏崎市・刈羽《かりわ》村の住民団体だ。

この全国集会は、国が前面に出てきたことに対抗する必要に迫られた危機感と、地域の運動としては成果をあげ原発の上陸を阻止できていても国の政策が変わらなければいつまでも水際での阻止をしつづけなければならないという思いから開かれた。熊野原発設置反対連絡協議会の森弘幸さんが言う。

「原発反対は地域での運動としては一定の成果をおさめながらも、決定力に欠けることを、みんな気にしだした。私の住む熊野も水際作戦を成功させていると言われる。たしかに、原発の上陸を封じているのであるが、しょっちゅう水際で守りをかためているのも疲れる話である。完全に敵にあきらめさせる方法はないものかと考えるのも当然のことであった。

そのためには、敵の手のうちも知りたいし、船を出して、こちらからも攻めてみたい。敵の中枢をたたかなければ決着はつかないかもしれない。仲間も必要だ。こんなわけで、運動は、いつ

『反原発全国集会記録』の表紙

までも地域にすっこもりっぱなしではいられなくなった。一九七五年八月の反原発京都集会開催に微力が捧げられたのもこのためである」（『はんげんぱつ新聞』一九七八年三月第〇号。以下、『はんげんぱつ新聞』『反原発新聞』からの引用は紙名を略す）。

原発計画は、土地を守り、漁業権を売らず、議会で反対を決議することで拒み続けられる。ただし推進する側は何度でも繰り返し、この三条件に攻撃を仕掛けることができる。そうした推進側の動きを断ち切りたいという強い気持ちが、全国の運動の仲間たちを結び付けた。

この全国集会のなかで、各地の地元紙記事の切り抜きを集め、お互いに別の地域の情報を知り合えるようにする通信がつくれないだろうか、との話が持ち上がった。それぞれの地元では大きく報道される動きでも、隣県ですらベタ記事にもならない、という報道の現実があったからである。その切り抜き通信の考えがさらにふくらんで、地元紙の記事に頼るのでなしに各地の人が自ら伝えたいことを書いて自分たちの新聞をつくろう、と話がふくらんで『はんげんぱつ新聞』の誕生につながる。

一九七六年　二本建て公聴会構想

反原発全国集会の最終日に採択された宣言には、こんな一節があった。「かれらが望む住民を排除した『中央公聴会』の開催を、私たちは断じて許してはならない。それは推進派と、『よりよい原発』の幻想を振りまく反対派のような顔をした『専門家』との話し合いの場であり、原発推進を円滑にするための儀式にすぎない。私たちはそのような『専門家』になにも委嘱した覚えはない」。

この「中央公聴会」とは、地元で経済効果などについての要望を聞く「地方公聴会」と、「中央」で「専門家」が議論を行なう「中央公聴会」の二本建てとして考え出された新制度案のひとつである。原子力委員会では、日本学術会議の協力を得て、この「中央公聴会（中央シンポジウム）」を開催したいとしていた。

前年の原子力船「むつ」放射線漏れ事故などで著しく失墜した原子力委員会の権威を、学術会議の力を借りて再構築しようとするものであり、同会議との共催で公正さを装いつつ、地元住民を外側から包囲する世論づくりを狙ったものだと言えよう。

第一の目的は、各地で住民の反対により足踏みを余儀なくされている原発計画、とりわけ田中角栄首相のお膝元にある東京電力柏崎刈羽原発の計画を何とか前進させることだった。君建男《きみたてお》新潟県知事は県議会で「私の要請で国が方針を決めた」と誇らしげに述べていたという。

この二本建て公聴会については一九七六年五月十一日、まずは日本学術会議の総会で中央公聴会協力の凍結へと追い込んだ。新潟県も、六月十七日に新潟県労組評議会、柏崎原発反対同盟など地元団体と話しあうものの、地元団体側が要求する「公開討論会+住民投票」と折り合いがつかず、地元公聴会の中止を原子力委員会に要請する。十八日には原子力委員会が中止を決定した。

一九七七年「反原発週間」始まる

一九七七年から「反原発週間」が始まる。政府は十月二十六日を「原子力の日」としている。一九六三年十月二十六日に動力試験炉ＪＰＤＲが日本で初めて原子力による発電を行なった日だ。記念の行事や新聞広告などで原子力ＰＲが行なわれるのに対抗して、逆に「反原子力の日」として反原発側のＰＲをしようと決めたのは、一九七二年十月に東京で開かれた「原発の危険性を訴える、核燃料工場反対全国活動者会議」でのことだが、それを拡大して七七年十月二十三日から二十九日まで大々的にキャンペーンを行なったのが、東京の市民グループを中心とした「反原発週間77」だった。

原水爆禁止日本国民会議は同じ日程で「反原発全国一斉行動週間」を設定し、両者あいまって宮城、福島、茨城、大阪、鹿児島など全国各地でさまざまな企画が取り込まれた。

「反原発週間」は、都市部の運動が広がりを見せたことを意味する。そしてもちろん、都市部

第１回「反原子力週間」。東京でのデモ。1977年10月29日。

だけのことではない。四月一日に市議会が「むつ」の修理を受け入れた長崎県佐世保市では十月二十六日、「むつ廃船要求集会」が行なわれ、六月十三日に中国電力が山口県豊北町に原発の事前環境調査を申し入れたことから、七月に「豊北原発阻止をストライキで闘う」との方針を決定した電産中国山口県本部は十月二十六日、約二〇〇人の組合員を指名職場放棄でストに入れ、山口支店前での終日座り込みを決行した。

一九七八年　『はんげんぱつ新聞』誕生

まずは第〇号から

『はんげんぱつ新聞』は、一九七八年三月に見本となる第〇号を発行、全国各地の有志が四月に大阪で一泊二日の集まりをもって発行主体の反原発運動全国連絡会を結成することでスタートした。「闘いの気分が出ない」と不評だった紙名は、第一号の五月号で、漢字の『反原発新聞』(題字は赤瀬川原平さん)となる。「漢字は古めかしい」と一転、ひらがなの『はんげんぱつ新聞』に戻るのは一九九三年十月の第一八七号だ。

創刊当時の代表(現在は四人の世話人体制)だった女川《おながわ》原発反対三町期成同盟会の阿部宗悦さんが「発刊にあたって」で言う。

「現在、各地の原発で原子炉中枢部のひび割れ事故、放射能もれ、労働者の被曝死、被曝者の増大等、予想を超えた危険性が国民の前に露呈してきました。が、これも十数年に亘る根強い反原発闘争によって暴露されたものであり、今や、反原発闘争は海や農地を守る闘いから人類の生存をかけた闘いとして、漁民、農民、労働者、消費者等、広範な闘いが構築されつつあります。

しかし、これまで私たちの運動は、報道分野において分断されていました。私たちはこの事実を認識し、全国各地の反原発を闘う人々が一堂に会してそれぞれの闘いを学び合い、闘いを連帯から結合へと飛躍、発展させることを願って、ここに『反原発新聞』を発刊することになりました」(一九七八年五月号)。

ここで強調された「報道分野において分断され」ることによる壁は、いまではインターネットで、全国どころか世界各地のニュースまで即座に知ることも、リアルタイムで情報を交換し合うことも簡単にできるようになり、いとも軽やかに乗り越えられた。その意味では、創刊時の目的には変化が生じている。月刊では、新聞というより「旧聞」だ。とはいえ、そのスローさが、新たな強みになっているのかもしれない。ある人は、「遅れて情報量の小さな新聞が届くから、か

反原発新聞

伊方訴訟

「辛酸入佳境」

非良心的なウソ偽りの判決

伊方原発反対八西連絡協議会
原発反対八幡浜市民の会
西園寺秋重

発刊にあたって

反原発運動全国連絡会　代表　阿部宗悦

東電、松林の伐採を開始

反対同盟は連日の阻止行動

柏崎

風車

山口県豊北町長選挙　伊方判決に住民の回答

原発阻止派が圧勝

反原発新聞

原発汚職　巻町でも

東北電力、町議を供応

深刻化する原発の環境汚染

高濃度の放射能再び検出

福島第一

市長の裏切りで

川内1号準備工事始まる

風車

創刊号（上）と第２号（下）

えって頭の整理になる」と言ってくれた。反原発・脱原発の運動を進めるための情報や論理を伝えるとともに、運動をする人たちの感情や思いをも伝える。そこでも「スロー」さが、ひとりよがりな訴えとなることを防いでくれているようだ。

第一号と第二号

閑話休題。一九七八年五月十五日に『反原発新聞』の第一号が刊行された。四月二十五日に松山地裁で四国電力伊方《いかた》原発1号機の設置許可取り消しを求めた裁判の第一審判決があったことを大きく取り上げている。原告＝住民側の敗訴である。原告の広野房一さんが、法廷に入りきれず裁判所の庭で待機していた人たちに「辛酸入佳境《しんさんかきょうにいる》」と書かれた幕を掲げ示した。「伊方原発反対八西連絡協議会／原発反対八幡浜市民の会」の西園寺秋重さんが報告の記事を書いている。

「当然のことを、繰り返し、くりかえし公正な裁判を訴えてきた。提訴以来、四年八ヵ月、原発の危険性について、条理をつくして訴えた原告の声には一顧だにせず、柏木裁判長は、国と四国電力の悪業を追認する判決を下してしまったのである。

住民たちは、専門用語こそつかわないが、見るもん聞くもん、すべてモノを科学的に考えるようになり、生活をとおして原発の危険性を見抜いてきたのである。住民でさえ困難のなかにも、よく理解してきたのに、柏木裁判長は、なにを調べ、なにを聞いていたのだろうか。

柏木裁判長は、証人や鑑定人に対し、良心に従って、ウソ偽りのないよう宣誓を求めながら、自らは非良心的なうそ偽りの判決を行い、国と四電の利益を擁護した。しかしその代償は、裁判官の信用を著しく傷つけ、法を自らの土足で踏みにじったのが、こんどの判決であると、住民は固く信じている」（一九七八年五月号）。

そして、第二号では五月十四日、山口県豊北町（現・下関市）の町長選で反原発の町長が誕生したニュースとなった。矢玉漁協の西嶋吉助組合長の報告。

「豊北町長選は、住民が原発反対の意思を表明したものであり、伊方判決に対する住民側からのひとつの回答としても、全国の住民運動をしていられる方々には、大きな支えとなることができたのではないかと、自負しています」。

「原発阻止を前面に押しだし、それだけをスローガンとした私たちの豊北町長選挙は五月十四日に投票が行なわれ、私たちすらも予想しなかった大差で推進派候補を破り、原発反対の藤井澄男町長を誕生させることができました」（一九七八年六月号）。

この第一号、第二号の対照的な記事は、原発推進が単に電力会社の個別の計画ではなく、国家主導の形で行なわれるようになってきたこと、そして、それに対して個別の地点での闘いでは反対運動が強い力をもっていることを象徴していると言ってよい。

当時すでに一四基の原発が運転に入ってはいたが、それらはすべて一九七〇年代以前に、つまり原発の何たるかがよくわからないうちに計画されたものであり、同一地点に複数基がつくられているケースが多い。いっぽう、七〇年代以降に計画がたてられた地点では、強い反対運動で軒並み計画は立ち往生していた。

そのことは、二〇一九年のいま、よりはっきりと見えてきている。総計五七基が運転に入ったが、いずれも七〇年以前に最初の一基の計画が浮上した地点のみである。

中国電力の労働組合「電産中国地方本部」の桝谷暹《のぼる》さんは、強調する。

「反原発闘争は勝利的に発展している――私は、そのことをここで確認したいのです。全国の皆さんと共に。

豊北や芦浜や、あるいは阿南《あなん》や熊野や浜坂やという、現に原発を建てさせていないところだけのことではない。柏崎にしろ女川にしろ、現在きびしいところにあるわけですが、しかしこれまで十年以上にわたって建設をはばんできた。建設計画をズタズタにしてきたということだけでも、勝利してきたと言っていいと思います。しかも困難な局面のなかで強固に闘いを前進させている。そうした闘いがあったからこそまた、豊北なりの勝利があったのではないでしょうか。

こうして、全国各地どこでも、原発は予定通りにすすめられていないのです。私たちの関わっている山口県豊北町の闘いでは、計画段階で我々の側が圧倒するという画期的な勝利をしました。推進側は挫折寸前で、電力の経営陣の中においてさえ矛盾が激化しはじめているところにまで、私たちは追いこんでいるのです」（一九七八年九月号。一部略。以後の引用も一部を割愛したところがある）。

第〇号から第五〇〇号に至る四十年余の間に計画を阻止した地点は、北海道浜益《はまます》、大成《たいせい》、岩手県久慈《くじ》、田野畑《たのはた》、田老《たろう》、福島県浪江・小高《おだか》、新潟県巻《まき》、石川県珠洲《すず》、三重県芦浜、長浜、海山、熊野、和歌山県那智勝浦《なちかつうら》、古座《こざ》、日置川《ひきがわ》、日高《ひだか》、京都府久美浜《くみはま》、鳥取県青谷《あおや》、山口県田万川《たまがわ》、萩、豊北、徳島県阿南、高知県窪川、大分県蒲江《かまえ》、熊本県天草《あまくさ》、宮崎県串間《くしま》と枚挙に暇がない。第〇号以前にも福井県小浜《おばま》や兵庫県香住《かすみ》、浜坂などの計画を阻止している。

原発計画をめぐる攻防は続く

しかし、なお厳しい闘いも続く。

七八年四月十一日、東京電力柏崎刈羽原発計画では建設用地の松林の保安林指定が解除された。翌十二日から、伐採しようとする東京電力と阻止しようとする住民側の攻防が続く。七月十六日には建設用地内で「反原発・核廃絶東日本荒浜総決起集会」が開かれ、二七〇〇人余が参加した。この盛り上がりにあせった東京電力は十九日午前二時、暗闇に乗じて電動でなく手挽きのこぎりでの抜き打ち伐採を強行した。監視のため泊まり込んでいた反対住民四人が気づいて抗議したところ、二五〇人もの東京電力職員・ガードマン・伐採作業員に取り囲まれ、暴行まで受けた。にもかかわらず同月三十日、逆にガードマンに傷害を負わせたとして三人が逮捕されている。『反原発新聞』は毎号、こうした経緯を報じた。

一九七〇年十二月十日に原子炉設置が許可されながら漁業権の消滅というハードルを超えられずにきた東北電力女川原発計画では八月二十八日、町役場をバリケードと機動隊の壁で囲んだ中での女川町漁協の臨時総会で、東北電力に海を売り渡す投票が強行された。女川原発反対三町期成同盟会は、こう分析している。

「こうした結果が生じた原因として、第一に、東北電力が金で委任状を買いあさったこと、第二に、原発反対の仮面をかぶり反対派の委任状を集め、どたん場で電力に寝返り委任状をたらい回しにした者がいたこと、第三に、賛成派の中に正組合資格がない者が四〇〜五〇名ほどもあるにもかかわらず、資格審査をタナ上げにし総会を強行したこと、があげられる」(一九七八年九月号)。

十月十六日には、船外機付きボート三〇隻、手漕ぎボート二〇隻、陸上では四〇〇〇人の抗議を排して、四〇隻の警備艇に守られた原子力船「むつ」が、点検・修理のため佐世保重工業の岸壁に強行着岸した。この年の「反原子力の日」には、電産中国は中国五県すべての支部でストライキを敢行した。中国電力は四月十二日、電産中国山口県支部のビラ『原発だより』配布に対し、就業規則違反として支部委員長ら七人に停職二ヵ月などの処分を発し、かえって火に油をそそぐことになった。

女グループ誕生

そんな情勢の中で一九七八年九月、大阪でユニークな運動が誕生した。

「原子力はごめんだ！関西連絡会(略称原関連)の集会や講座に何度か出席しているうち、ある日、女たちの中からつぶやきが漏れた。『なんや、おかしいな。いつも罷り通っているのは男の論理や』。『そうや、そうや、女の視点でもっと反原発を考えたいんや』。——そんな声がどっとあがって、あっというまに女のグループができあがった。名づけて〝なにがなんでも原発に反対する女のグループ〟」と、同グループのJUNさん。「その具体的行動の第一歩として行なわれたのが、九月二三、二四の原発予定地和歌山県日高でのビラ入れ合宿」(一九七八年十月号)。つづいて約一ヵ月後の「原子力はごめんだ！大阪78週間」については、ＪＵＮさんが大石じゅんとフルネームでの報告。

「〈大阪78週間〉は、私たち女グループによる『女こどもの反原発ゲリラ作戦』ではじまりました。女こどもはもとより男たちもふくめて四〇人ほどが参加。『もし若狭湾に地震が起こったら、原子力発電所は……』というテーマの街頭劇を上演しながらビラを配り、アメリカからきたシンガー、テッドの音楽に合わせて歌ったり踊ったりの大熱演。その後のシンポジウム『女（わたし）と反原発』では、昼間の熱気を深く沈潜させて、それぞれが今かかえている問題を出しあいました」（一九七八年十二月号）。

そこで問題となった「〝原発はこわい。子供を産むことも恐ろしい〟という私たちの即時的な表現」については、グループ誕生の記事の横に「被爆二世から見た反原発運動」として関東被爆二世連絡協議会の西河内靖泰さんの提起があった。

「私たちは、私たち被爆二世を生みだした原爆のみならず、原子力の平和利用なるものも許すことはできない、と考えている。それは確実に被ばく者・二世を生みだし、障害を与え、現実に私たちが受けている差別的状況をくり返すものだからだ。であればこそ私たちも反原発運動にとりくんでいるのだが、その運動が自分たちを切りすてるかたちのものであってほしくはない」（一九七八年十月号）。

一九七九年〜一九八五年　事故の衝撃

1979年３月、事故が発生したスリーマイル島原発（REUTERS・SUN）

概要

一九七九年三月二十八日、アメリカのスリーマイル島原発2号機で、炉心溶融の大事故が発生した。二次冷却水系のトラブルにより蒸気発生器に水を送りこむ主給水ポンプがとまり、タービンも緊急停止した。二次系の給水が流れてこなくなったことから、一次系の冷却ができなくなり、温度と圧力が上昇する。そこから曲折を経て炉心溶融事故が発生したのである。福島原発事故では、溶融した燃料が原子炉容器の底にも穴をあけた。スリーマイル島原発事故は、その手前で止まったと言える。

とはいえこの事故は、原発の大事故が現実に起こることを初めて教えることとなり、原発を進める側にも反対運動の側にも大きな衝撃を与えた。

そしてこの年は、放射性廃棄物の海洋投棄に反対する運動が高揚した年であった。子孫へ、あるいは国の外へ、時間的に空間的にババ抜きをしてごみを押しつけることで済まそうとしてきた原子力開発の無責任さを、海洋投棄問題は見事に浮彫りにした。さらに一九八三年二月十七日にロンドンでひらかれた「廃棄物投棄に係わる海洋汚染防止条約」（ロンドン条約）締約国会議で、科学的検討のための二年間、放射性廃棄物の海洋投棄を見合わせることが決議され、太平洋での海洋投棄反対の動きはいっそう強まった。日本政府は八五年一月十四〜十八日、首相が各国を歴訪した際に海洋投棄計画の凍結を表明、九月二十六日にロンドン条約締結国会議で投棄禁止の無制限延長が決議された時も、八三年の一時禁止決議の時の反対から、今回は棄権へと対応を改めざるをえなかった。

他方、太平洋に捨てられようとしていたものよりもなおはるかに放射能レベルの高い高レベル放射性廃棄物の処分については、原子力委員会の専門部会が一九八〇年十二月十九日、ガラス固化体の中に封じ込め、約三十年間貯蔵したのち地中に埋めるという方針を委員会に報告している。同委員会の以前の専門部会が六二年四月にまとめた中間報告では、「ちょう密な人口、狭あいな国土、複雑な地質構造、地震などの多い環境条件などからわが国においてはその実施が困難と考えられる」とされていたものだ。当時は「最も可能性のある処分方式としては深海投棄であろう」と報告されたが、七二年十一月に採択、七五年八月に発効したロンドン条約で高レベル放射性廃棄物の投棄が禁止されてしまったことから、「困難」な方法を選ぶことになった経緯がある。

一九八四年四月二十日、北海道では、道北の幌延《ほろのべ》町に動力炉・核燃料開発事業団が「高レベル」「低レベル」の放射性廃棄物を集中貯蔵しようとしていることが表面化した。七月十六日には早々と町議会の誘致決議が行なわれたが、道知事は反対を表明、隣接の中川町議会では九月二十一日、反対の請願が採択されるなど、反対論は全道に広がった。八五年九月十三日に北海道知事が拒否回答をしたのに対し、道議会は十月一日に立地調査促進決議。十一月二十三日、動燃事業団は「調査に着手」と発表した。

一九八〇年三月一日には民間再処理会社の日本原燃サービスが、また四月一日には高速増殖炉開発会社のＦＢＲエンジニアリングが、相次いで発足し、「核燃料サイクルの確立」に向けてさらに歩を進める。八月七日には動力炉・核燃料開発事業団のプルトニウム転換工場が東海村で着工され、十二月二十六日、同事業団の東海再処理工場の本格操業開始が、科学技術庁長官によって許可された。十二月十日には高速増殖炉原型炉「もんじゅ」の設置許可が右事業団から申請されている。八三年五月二十七日に許可を得て、八五年十月二十五日に着工。その前月の九月二十六日に住民は、「もんじゅ」の原子炉設置許可の無効確認と建設・運転の差し止めを求めて福井地裁に提訴した。

東海再処理工場の次となる第二再処理工場は、一九八二年中に立地候補地点が明らかにされることになっていたが、けっきょく地点名公表に至らず。九月十二日に土地の買い占めや怪文書から誘致の動きが表面化した長崎県平戸市の前津吉町では被爆者らの機敏な反撃で頓挫した。

原子力開発の無理と無駄を象徴する原子力船「むつ」は、一九八二年六月三十日に修理完了を確認。八月三十一日から九月六日にかけて、青森県むつ市の大湊港に回航された。新母港の候補地、むつ市関根浜については、建設可能との立地調査結果が三月十四日に出され、五月二日には関根浜漁協が漁業補償の交渉に入ることに合意している。

日本原子力研究所の動力試験炉ＪＰＤＲの廃炉解体が一九八三年一月から準備工事に入り、商業原発の廃炉も遠い先のことではなくなってきた。廃炉にともなって出てくる大量の放射性廃棄物を見越して、ある放射能レベル以下のものは一般のごみと同じに扱うとする〝スソ切り〟の法令化がもくろまれることになる。八五年十二月二日には、科学技術庁内に原子炉等規制法改正準備室が設置され、廃棄事業の新設と規制の〝スソ切り〟に動き出した。

下北半島のつけ根、青森県上北郡六ヶ所村に、ウラン濃縮、再処理、放射性廃棄物埋設の三施設を集中立地するという計画が明るみに出たのは、一九八四年一月一日づけの日本経済新聞の記事によってである。四月二十日には電気事業連合会が青森県に協力を要請、立地点や施設の具体案を示して県、六ヶ所村に受け入れを要請するのは七月二十七日だ。八五年四月十八日に、青森県・六ヶ所村と日本原燃産業（ウラン濃縮と放射性廃棄物埋設）・日本原燃サービス（再処理）の四者が、電気事業連合会の立ち合いで立地の基本協定に調印した。

一九七九年　スリーマイル島事故起こる

徹夜の抗議行動

一九七九年三月二十八日、アメリカのスリーマイル島原発2号機で、炉心溶融の大事故が発生した。四月五日、伊方原発反対八西連絡協議会の呼びかけで全国各地から科学技術庁（現・文部科学省）、通商産業省（現・経済産業省）につめかけた一〇〇人余りの人々は、通産省内の会議室に泊り込んで共同の抗議を行なった。反原発新聞編集部による長い記事だが、引用しておきたい。

「四月五日、愛媛の伊方原発反対八西連絡協議会からの呼びかけにこたえて、反原発運動全国連絡会に集まる全国各地の住民闘争の代表が、通産省におしかけた。ところが通産省は、一〇〇人を越す人々を資源エネルギー庁のある旧館ロビーに誘導したあげくに、代表の方五、六人とお会いしたい、といつもの決まり文句。しかも相手は計画課の係長とか。『わたしらは原発を止めろ言うとるんです。止めることのできる通産大臣が会わんといけんでしょう』と強く要求し、ぼんやりと待ってもいられないと、ロビーに座り込んでの抗議集会がはじめられた。この日の共同行動を呼びかけた伊方から経過報告とあいさつ。続いて川内《せんだい》（鹿児島）、玄海（佐賀）、田万川（山口）、敦賀・美浜・大飯《おおい》・高浜（福井）、熊野（三重）、太地《たいじ》・古座（和歌山）、能登（石川）、浜岡（静岡）、柏崎・巻（新潟）、東海（茨城）、女川（宮城）各原発設置地・計画地や電産中国の代表がつぎつぎと立って、怒りをぶつけ、力強い決意表明を行なう。遅れて島根や奄美の仲間も駆けつけてきた。

求めることはただ一つ。既設の原発の撤去と、建設・計画中の原発の白紙撤回だ。

通産省側は、ぐずぐずと同じことを繰り返し言ってくるのみ。抗議集会は、なお続く。高齢者もふくめて、四月とはいえ冷たいコンクリートの床に座りこんだままだ。

三時過ぎ、『通産大臣は会えないと原子力発電課長が言っている』との職員の言葉に『直接課長の口から聞こう』と、四階会議室に移動した。通産大臣はなぜ会えないか。鎌田原子力発電課長らが時によりさまざまに言うのを要約すれば、通産大臣江崎真澄は、党務についているが『行方不明』であり、『皆さんがこられるとは知らない』が、『発電課長が代わって話を聞くように指示した』という。

そんな支離滅裂の言いわけをした後は、鎌田課長ら四人、時折『そろそろ時間ですので』と開き直って帰ろうとするほか何ひとつとして口を開かない。諄々《じゅんじゅん》と道理を説くにも、涙ながらに訴

夜を徹して資源エネルギー庁に抗議。1979年4月5日。

えるのにも耳を貸そうとせず、怒号にも狸寝入りで答える。大飯原発の技術的脆弱性に関する二〇項目もの具体的な指摘にも黙殺しか帰ってこなかった。

八時近くなって、六時から霞ヶ関の全日通会館で開かれていた反原子力東京連絡会議の集会参加者が、ガードマンの阻止線を破って交渉に加わってきた。鎌田課長らは住民に体当たりして挑発、二〇〇人余の怒りの壁におし返される。

そうしたなかで、一一時前、小浜市の僧侶中嶌《なかじま》さんの提唱で、二〇分間、抗議の沈黙が行なわれた。さまざまな想いで、静かに目を閉じる。この時まで、怒りのあまりについ口をついてでた乱暴なもの言いや人を差別する表現が、この沈黙を境にして消えていった。

が、鎌田課長らにとってはそれも単なる休憩時間、とうとう翌朝までダンマリを通した。そして六日午前七時二〇分になって、『大臣秘書官と連絡を取る』と約束して会議室を出たまま戻らなかった。

八時過ぎ、しびれをきらした抗議の一〇〇人は大臣室に向かったが、新館の扉は閉鎖されている。玄関前で抗議集会を開き、各地での闘いの継続を誓い合い、固く握手」（一九七九年五月号）。

大飯原発問題

スリーマイル島原発事故の起こる以前から、日本における同型炉＝加圧水型軽水炉は、すべて止まっていた。一九七九年二月二十四日、関西電力が、こんな発表をした。「定期検査中の関西電力美浜原発3号機で、制御棒案内管《あんないかん》の〝支持ピン〟一〇六本全部に異常があり、また同案内管の〝たわみピン〟二本にもひび割れが見つかった」。ピンは、ボルトのことである。

これは、前年の七八年十月にすでにわかっていたのを、通商産業省と関西電力がひた隠しにしてきたもの。発表は、ジャーナリストの田原総一朗さんが情報をキャッチして暴露の準備にかかった矢先のことだった。〝支持ピン〟および〝たわみピン〟の損傷は、すべての加圧水型炉に波及する。次々と、予定を早めて「定期検査」入りしたどの炉でも、損傷が見つかったのだ。

かくて、加圧水型炉は全滅。そう言われるのがいやさに、通商産業省は、試運転中からトラブルつづきだった関西電力大飯原発1号機を強引に営業運転に入らせ、ともかくも一基は動いているという恰好をつけた。それが三月二十七日。スリーマイル島原発事故の一日前である。

住民の不安と怒りの声に、各地の自治体も強い姿勢で政府・電力会社に迫り、四月十四日には、ただ一基動いていた加圧水型炉、すなわち大飯原発1号機の停止決定に追い込んだ。六月十四日の強行再開までの運動の成果を、「原子力発電に反対する福井県民会議」の小木曽《おぎそ》美和子さんがまとめている。

「その一つは、原子力安全委員会がゴーサインを出した五月十九日以降も、地元自治体や住民の同意なしには国は運転再開にふみきれなかったことである。原発はすべて国の権限としてきたのをみずから制約せざるをえなかったのだ。

二つは、秘密裡にされてきた資料が、『すべての資料の公開』の要求の前に、一応、原発反対福井県民会議に手渡されたことである。

三つ目は、県が地元同意のおスミつき機関にしている安全管理協議会に、県民会議の代表一八人の参加・発言を認めさせたことだ。また、ただ出席したにすぎなかったけれど、御園生《みそのう》圭輔安全委員が、安全委員会を代表して出席し、地元民に直接言いわけせざるをえなかったことである。

そして何よりも、県が、県民会議の激しい追及によって初めて住民側に立ち、国に対し強い姿勢で発言してきたことを見逃してはならない。しかしその県も、後半、国と関電の攻勢に節を曲げてしまった。

再開大詰めの六月十一日に安全管理協議会は開催されたが、次々と県民会議の質問攻めにあって、同協議会は、再開同意の雰囲気など作れる状態にならなかった。このため県は翌十二日、県民会議と副知事による再度の交渉に応じざるをえず、十三日には通産省に『同意ではない。県が対応してきた経過と現状を報告する』という形でゲタをあずけてしまったのである」（一九七九年七月号）。

女たちの大デモ

都市部でも、大阪では前出の女グループが大活躍。一九七九年四月二十八日、前日の「今こそすべての原発を停めよう！関西大集会」につづく「女たちの大デモ」だ。

歌、漫才のごとき掛け合いシュプレヒコール。そして「すぐ数百メートルで関電ビルというところで、隊列はとつ然ストップ。『さあ、おしめタイムだよ』の声が伝わると、道路に赤ちゃんをねかせる敷物がひろげられる。道路の真ん中でおしめをいっせいにかえるデモなんて、まさに革命的なことじゃないかしら？」（『ウリ・ニューズレター』No.84より転載、一九七九年六月号）

「学術シンポジウム」

一方で、崩壊した「専門家神話」を再び築き直そうとする動きが、早くもはじまった。原子力安全委員会と日本学術会議とが共催する「専門家シンポジウム」（のち「学術シンポジウム」と改称）なるものがそれだ。同様のシンポジウムは、前述のように一九七五年にも当時の原子力委員会と学術会議による「中央シンポジウム」として企画されたことがある。柏崎を始め全国各地から抗議の声が起こり、翌七六年に〝凍結〟となったのだが、七九年初め、今度は原子力安全委員会から改めて学術会議に協力の要請があり、急速に再浮上してきた。

スリーマイル島原発の事故こそは、原発建設をめぐる議論を地元から中央に取り上げる「千載《せんざい》一遇《いちぐう》のチャンス」とする六月五日付電気新聞の匿名氏の表現を借りて、端的に狙いを明らかにするなら、「中央ベースでの一億総検討」が実施されれば、あとは「その結果を十二分に地元に提供すればよいことになり」、原発の危険性をめぐる地元での論議を切り捨てる口実としうる、ということだ。

その専門家シンポジウムは十一月二十六日、「米国スリー・マイル・アイランド原子力発電所事故の提起した諸問題に関する学術シンポジウム」として強行された。当日の様子を反原発新聞編集部のT、N（高木仁三郎、西尾漠）が詳しく報じている。

「『警察が主催者なのか?』との声が報道陣の中からさえ聞こえたが、この日の指揮はすべて警察が行ない、科学技術庁（原子力安全委員会の事務局）と学術会議の職員がその下で働くありさま。かつて学術会議がうたい上げ、原子力基本法にも取りいれられた『自主・公開・民主』の三原則は、無残にも、当の学術会議と行政の泥靴に踏みにじられた。

この度外《どはず》れた強圧姿勢に抗して、会場となった東京駿河台の中央大学四号館前での反対行動に参加したのは、巻、柏崎、福島、東海、浜岡、熊野、能登、小浜、島根、伊方、玄海、川内などの反原発住民と、金沢、京都、大阪、広島など都市の反原発グループ・学者ら約一〇〇人。さらに、二〇〇人を越える東京の労働者・市民・学生が加わった。

これらの人びとを排除し、三名を不当にも逮捕（十二月五日釈放）した『学術』シンポジウムは、入場資格を持つ反対派の学者を警察官がムリヤリ会場内に連れ込んで反対派も参加した形をつくりつつ、会場内で発言すると、今度は場外に引きずり出して文字通り路上に投げ捨てるという暴挙までして、開催が強行されたのだ。しかもその中味たるや、アメリカ側の報告を無批判につまみ食いしただけのお粗末なもの。『「手アカにまみれた」内容がほとんどだった』（二十七日付毎日新聞、江草福治記者）。

それをただひたすら、スライドが横を向こうが、言葉が聞きとれなかろうがお構いなしに原稿を読み上げただけ――と、各マスコミは報じている。ともあれ、開催したという形さえつけばよかった。何ら成果のないシンポジウムであっても、原発の安全性論議は専門家が行なうという実績さえつくれれば、それでよかったわけだ」（一九七九年十二月号）。

しかし、当然ながら実績は社会的に承認されるわけもなく、シンポジウム主催者たちの企図は打ち砕かれ、原発の安全性＝危険性をめぐる議論を「地方」から取り上げることはできなかった。

一九八〇年「公開ヒアリング」に明け暮れ

抗議から阻止行動へ

一九八〇年という年は、一月十七日の関西電力高浜原発3、4号機「公開ヒアリング」に始まり、十二月四日の東京電力柏崎刈羽原発2、5号機「公開ヒアリング」で暮れた。「公開ヒアリング」とは即ち公聴会である（建設着手＝設置許可申請の前提となる国の電源開発計画への組み入れに際して通商産業省が主催するのが「第一次公開ヒアリング」、設置許可に向けた通商産業省による安全審査をダブルチェックするのに際して原子力安全委員会が主催するのが「第二次公開ヒアリング」とされる）。

一九八〇年中に関西電力高浜原発3、4号機、東京電力福島第二原発3、4号機、それに九州電力川内原発2号機の原子炉設置が通商産業大臣によって許可され、日本原子力発電敦賀原発2号機の設置許可が確実となった。また、東京電力柏崎刈羽原発2、5号機も、建設に手がつけられることになった。「公開ヒアリング」は、八〇年中に以上五地点・八原子炉の増設をめぐって行なわれたのである。このように八〇年は、スリーマイル島原発事故のほとぼりが冷めるのを待って、原子炉安全審査、設計・運転管理の若干の手直し、防災対策立案への姿勢を示しつつ、新増設の遅れをいっきょに取り戻そうと図ってきた年であると言える。

最初は一月十七日、高浜原発3、4号機増設のための第二次公開ヒアリングである。「原子力発電に反対する福井県民会議」の小木曽美和子さんが報告している。

「原子力安全委員会が初めて開く関西電力高浜原発3、4号機増設の『公開ヒアリング』が一月十七日午前九時半から、福井県大飯郡高浜町立中央センターで、バリケードと機動隊の厳戒態勢に囲まれ、反対派住民の抗議の中で強行された。

原発反対福井県民会議をはじめ、総評、原水禁、社会党、共産党、市民グループなど、北信越・関西ブロックを中心に『増設反対・公開ヒアリング撤回』を求める人々が、午前七時、粉雪と突風の中を高浜駅前広場に集結、八時から七〇〇人の抗議集会が開かれた。

各地の代表が次々と決意を述べ、会場前から商店街を抜け、高浜漁港へ向かう二kmのコースを往復し、『まやかしの公開ヒアリングを撤回せよ』『美しい若狭の海を守ろう』とシュプレヒコールで町民に呼びかけ、整然とデモ行進をした。

『ヒアリング』は、午後五時半、『言いたいことの半分も言えない』との陳述人の不満の声を残して終了し、増設のための公聴会であることを住民に強く印象づけた」（一九八〇年二月号）。

この年最後は初の第一次公開ヒアリングで、十二月四日、柏崎刈羽原発2、5号機増設のためのもの。柏崎原発反対同盟が報告する。

「柏崎原発2、5号機増設に伴う全国初の第一次公開ヒアリングは、去る十二月四日、八〇〇〇人に及ぶ住民・労働者の反対の意思表示の中で、国家権力の尖兵である二〇〇〇人の機動隊を最前面に押し立てて、強権的に開催された。

三日夕刻六時、まやかしヒアリング粉砕の決起集会は三〇〇〇人が結集して開かれ、徹夜の阻止行動をとることが確認された。市中デモ終了後、武道館〔ヒアリング会場の柏崎市武道館〕周辺には続々と人々がつめかけ、深夜に向けてその数は増すばかり。

四日午前一時すぎ、星空はにわかにかき曇り、氷雨、しかも台風並みの暴風となる。雨具を通して下着までズブ濡れ、寒さは骨のズイまでしみ通る最悪の状態となった。しかし、ふくれあがる人波は、一歩も退かない。

四日午前八時半、ヒアリング開会宣言に応じた陳述人はわずか一一人、傍聴人は七〇人、すべて前日から警察が用意したバスの中の泊まり込み組」（一九八一年一月号）。

放射性廃棄物海洋投棄計画

一九八〇年はまた、何よりも放射性廃棄物の海洋投棄に反対する運動が高揚した年としてあった。東京湾から九〇〇キロ南東の太平洋の海底に放射性廃棄物の試験投棄を政府自らが行なうと

柏崎原発「公開ヒアリング」に徹夜の阻止行動。1980年12月4日。

したのが発端である。

国会では社会党のみの反対で四月二十五日には原子炉等規制法が改正され、難なく準備がすすめられた。しかしこの計画が明らかにされると、太平洋の各地からごうごうたる非難の声がわき上がる。

三月には「太平洋への核投棄に反対するマリアナ同盟」が結成され、活発な活動が開始された。太平洋諸国の首脳たちも反対を表明し、抗議に訪れる。日本政府は、八月十四~十五日の南太平洋地域首脳会議に説明団を送り込んだのを手始めに、四次にわたる説明団を各国に派遣したが、前記の首脳会議では「安全性が実証されるまで計画を停止せよ」と決議、どの国でも強い反発を受けた。

九月二十七~二十八日には投棄海域に最も近い小笠原でもようやく説明会を開くが、

小笠原村議会、八丈町議会は三十日、ともに全会一致で反対を決議している。『反原発新聞』一九八〇年十一月号は、両議会の決議とともに、国内外各地の報告を特集した。

九月三十日には、七一年三月に国会で問題となった千葉県館山沖だけでなく、神奈川県の相模湾や静岡県の駿河湾でも、ラジオ・アイソトープ利用に伴う放射性廃棄物の投棄がかつて行なわれていた事実が暴露された。

アメリカでの投棄ドラム缶破損の実態なども明らかになるにつれて、反対の声は、日本国内の原発地元各地でも、また都市部でも、さらに高まった。

窪川町、熊野市の攻防

一九八〇年九月四日、原発推進派の〝住民組織〟が立地調査を求めて請願をするという形で、原発新設候補地点＝高知県窪川町（現・四万十《しまんと》町）が再浮上。十月十三日に町議会の請願採択、二十四日に四国電力への町長調査要請、二十九日には四国電力の受諾と進むが、反対運動も大きな盛り上がりを示し、十二月二十二日には町長リコール請求の署名が町選管に提出された。

三重県熊野市では、原発拒否の市議会決議堅持を求める請願署名を、二月に結成された木本原発反対婦人の会、七月に結成された遊木《ゆき》郷土を守る婦人の会と、すでに結成されていた新鹿《あたしか》子供を守る婦人の会、波田須《はだす》の子供を守る会などの女性の力で採択に導いた。「遊木郷土を守る婦人の会」の浜地和子さんが報告している。

「私は結婚して一〇年、女の子二人、夫は漁師です。美しい自然の環境と、おいしい魚に恵まれた遊木の町が好きで、一生の生活の場として選びました。しかし一〇年を経た今、その郷土は、井内浦に原発を誘致するという大きな問題をかかえて、揺れに揺れています。一〇年前から起こっていたことですが、またまた芽ぶき始めたのです。このままではいけないと、私たちは、七月末に『遊木郷土を守る婦人の会』を発足させました。はじめは近所同士の呼びかけで、三〇〜五〇人くらいで始めた会も、今や二〇〇人余りにふくれあがっています。

私たちの最初の活動は、八月に市川定夫さんをお招きして、放射能と遺伝学のお話を聞くことでした。私たちは、こうして少しずつ、知識を得ることから始めました。八月十五日からは、お盆休みを利用して、汗をふきふき一軒一軒、他の町ではすでに始まっていた署名運動に歩きました。隣町の二木島にも行きました。それが、私たちの予想を越える一五〇〇〇余の原発拒否決議堅持を求める請願となって、九月の市議会に提出されたのです。

九月議会で原発問題が審議されようとする前日の九月二十一日、拒否決議堅持を求める市民大集会に参加しましたが、この時は大変でした。バスで行こうか、汽車にしようか、と思案しました。私たちの盛り上がりによって、漁の最盛期にもかかわらず、男の人たちが動き始めてくれました。私たちも夜を徹して、たすきとか、はちまきとか、一所懸命につくりました。集会には遊木挙げての参加となり、大漁旗がひるがえりました。一七〇〇人余の集会に、私は大感激でした。

翌二十二日の議会で、原発問題は、私にとって意外な結果となりました。市民の目の届かない特別委委員会で審議されるというのです。傍聴席は一瞬、騒然となりました。二十六日の議会最終日まで、不安な一時でした」（一九八〇年十一月号）。

二十六日、請願は採択された。

ムラサキツユクサ関係者全国交流集会

一九八〇年一月十九日、二十日の両日、第一回の「ムラサキツユクサ全国交流集会」が京都で開かれた。

ムラサキツユクサは、突然変異を起こすと雄蕊《おしべ》の毛の色が青からピンクに変わる。放射線に被曝することでも突然変異率が上昇するため、雄蕊の毛（簡易的には花びら）の観察により他の原因も考慮の上で放射線の影響を見ることができる。「交流集会」について、反原発新聞京都支局の佐伯昌和さんが報告している。

「参加者は、東海、浜岡、敦賀、小浜、大飯、高浜、舞鶴、島根、佐世保の原発・再処理工場・原子力船『むつ』周辺で、ムラサキツユクサの雄蕊毛あるいは花びらの観察を行なっている老若男女二六人。

十九日夜からはじまった会議では、まず市川定夫氏より①各地のこれまでの観察結果の概略説明②電力会社や政府のムラサキツユクサ否定論に対する批判③新しい知見④外国におけるムラサキツユクサ観察――についての報告があった。

この市川氏報告を受けて、岡村日出夫、久米三四郎両氏も交えて、討論を行なった。

二日目は、朝から各地の報告、午後は問題点の討論。集会は、休憩の時間も惜しみつつ経験を交流し、成功裏に終わった」（一九八〇年二月号）。

一九八一年　敦賀原発放射性廃液流出

窪川町長リコールと返り咲き

一九八一年四月二日、福井県敦賀市に日本原子力発電が保有する敦賀原発（当時は沸騰水型軽水炉の1号機のみ）で一月十日と二十四日に二回の給水加熱器のひび割れによる冷却水漏れがあり、秘密裏に修理がなされていたことが発覚した。日本共産党の機関紙『赤旗』のスクープだった。この日から、同原発における一連の事故隠しが次々と明らかになる。十八日には早朝の五時に通商産業省と福井県庁での「暁の記者会見」があり、同原発の一般排水路から高濃度の放射能が検出されたと発表された。テレビ、ラジオ、新聞はそろってトップニュースで扱い、読売新聞は敦賀市内に空輸号外をばらまいた。同月二十日、放射性廃液の大量流出事故が三月七〜八日にあって、一部が一般排水路に流れ込み、浦底湾に排出されたことが匿名の内部告発により判明と発表。

三月八日の放射性廃液漏れを通商産業省が発表したのは四月二十日のことだが、実は十八日に日本原子力発電から報告を受けていたことを国会で追及され、認めている。その間の十九日に高知県窪川町で原発誘致を進める町長がリコールされての出直し町長選があり、解職されたばかりの前町長が返り咲く。

まずは、リコールだ。「郷土をよくする会」の大野文平さんが報告する。

「高知県窪川町の原発推進町長解職投票は、実質上全国初の原発設置の是非を問う住民投票として、三月八日に行なわれた。町民はもとより、日本中の熱い視線のなかで即日開票され、投票総数一万二三四〇票のうち、解職賛成が六三三二票と、反対五八四八票に四八四票の差をつけ、原発反対派の勝利となった。

推進派は、電源三法交付金などの金をちらつかせ、原発繁栄論をぶちあげる一方、様々な圧力とまやかしの言葉で、リコールを妨害してきた。

しかしどっこい、『土佐のイゴッソウとハチキン』は、情にもろいが、金と権力にはなかなか負けない。『窪川の事は窪川で決める』と、反骨精神を発揮し、革新系を源とした反対運動へ、従来の保守・革新の垣根を超えて農民・漁民・商工業者・労働者・婦人・青年と、すべての層の町民が大同団結した。当初は原発反対連絡会議、次に町民会議、さらに郷土《ふるさと》をよくする会と、次々に参加層の幅を拡げ、名称も出世魚のように変更してきた」(一九八一年四月号)。

残念ながら四月十九日投票の新町長選の結果は、原発推進町長の返り咲きである。とはいえ、原発への賛否を町民に問う町民投票条例の制定を公約とすることでの当選で、のちに藤戸町長は「そうしないと選挙に勝てないと思ったからだ」(一九八二年十一月十二日付電気新聞)と述懐している。

なお、この選挙のために敦賀事故の発表を遅らせたとの見方については、大野文平さんは「推進派の危機感をあおり、逆効果だったとも言われる」と否定的だ。「わが『ふるさとをよくする会』の野坂静雄候補五八六五票、対する原発推進派の前町長藤戸進候補六七六四票と、思いがけない大差で敗れた」とする敗因を、「まず、推進派のほうが危機感を持って臨んできたこと」(一九八一年五月号）と分析していた。

放射線監視網

敦賀原発の廃液流出を発見したのは、福井県の衛生試験所だった。浦底湾の海藻ホンダワラから通常値より一〇倍高い放射能を検出したのだ。そのことは、自治体の放射能監視の重要性を示した。

住民にとっても、放射能監視は切実な課題である。二年前のスリーマイル島原発事故では、放射線を測定するモニタリングポストが少なかった。そのことを教訓として福井県の原発設置反対小浜市民の会は一九八一年、大飯原発の東から南にかけて一一〇度の範囲の一三地点にTLD（熱蛍光線量計）の素子を設置した。

「これは、無風に近いとき、放射能雲が七〜八度の範囲に流れることを考慮して決めたものである。また、素子は、地上一・五mのところにある一辺が二〇〜三〇センチの箱の中に入れておき、三ヵ月ごとに回収し〔測定機本体に入れ〕てその間の放射線量を測定している」と、二年後の一九八三年に市民の会のKさんが報告している。

「今年三月、本格的に測定した一年間のデータをもって福井県衛生研究所の研究員と話し合う機会をもったが、『十分信頼性がある』との評価を受け、今後ともつづけていく自信をもったところである。

市民の会のTLD測定をあえて県の測定と比較しようとするのは、ほかでもない。平常時における測定の精度と信頼性を高め、この取組みについて公共機関の認知を受けておけば、緊急時に県の不足を補うものとして有力な武器になるだろうと考えるからである」（一九八三年七月号）。

小浜市民の会の中嶌哲演さんは、このころから「地元」の概念は「立地地元」から「被害地元」へと広がり始めたと指摘している。二〇一八年三月十日から十四日、関西電力大飯原発再稼働の中止を訴えて行なった断食に際しての声明で、中嶌さんは言う。「目先の原発マネーと引き換えに再稼働を容認し、大事故に至った場合、『立地地元』も加害責任の一端を免れないでしょう。相次ぐ原発の再稼働に残されている未来は立地・消費地元もろともの甚大な『被害地元』化ではないでしょうか」。

一九八二年　動き出す再処理工場候補地探し

平戸市で再処理工場計画拒否

一九八二年、長崎県平戸市で再処理計画をはねのける闘いがあった。誘致阻止に向けた「長崎県共闘会議」の山下弘文さんの報告で、「第二再処理工場」というのは東海再処理工場の次の再処理工場を意味する。六ヶ所再処理工場が、当時の呼び方では「第二再処理工場」だった。現在は、六ヶ所再処理工場の次が「第二再処理工場」と呼ばれている。

「政府・原燃サービス（現・日本原燃）が計画している第二再処理工場は、その候補地が徐々にしぼられつつある。七月四日の毎日新聞で、青森県東通村を最有力候補地として選定が進められつつあることが報道され、同時に北海道奥尻島、長崎県平戸市津吉町《つよしちょう》神上地区も検討されていることが明らかになった。今年に入って、候補地にあがっている津吉町の津吉漁協組合長を中心に、東海再処理工場見学があいつぎ、その数は四〇〇名近くになっていた。さらに九月十二日、地元の長崎新聞は再処理工場にからむ土地買収をスクープ。一挙に長崎県内の大きな問題として浮かびあがってきた。

このような誘致の動きに対し、機敏に立ちあがったのは会員総数約五万五千名を擁する長崎県被爆者手帳友の会であり、県に対し被爆者として許せないと建設に絶対反対する旨を申し入れた。また、地元平戸市では、平戸地区労と社会党、手帳友の会平戸支部が『反核・核燃料再処理工場誘致阻止平戸現地闘争本部』を設置、十月五日には県共闘会議も組織された。

一方、誘致派は『平戸総合開発研究会』なるものを組織し、誘致のPRをはじめようとしたが、現地闘争本部は平戸全島における学習会により反対運動を拡大していった。

ついに十一月十一日、山鹿市長は正式に『将来にわたって誘致には反対する』と表明せざるを得ない所まで追いつめられ、さらに十四日には推進派の母体である『平戸総合開発研究会』が役員会を開催、『予想以上に市民の拒否反応が強い』と誘致を断念、研究会解散を決定した」（一九八二年十二月号）。

下北半島祭

青森県の下北半島も、再処理工場の候補地とされた。のちに六ヶ所村に決まるが、その前には

大地に車座になって「下北半島祭」。1982年8月8日。

東通村《ひがしどおり》が有力視されていた。東北・東京両電力が共同で計二〇基の原発を建設する計画が進展せず、広大な土地が遊んでいたからだ。

一九八二年八月三十一日から九月六日にかけて、佐世保での修理が完了した原子力船「むつ」が、青森県むつ市の大湊港に回航されるのを迎え撃つべく八月七〜九日にむつ市で開催された反原子力のフェスティバル「下北半島祭」は、原発や再処理工場を迎え撃つ祭りでもあった。

「下北半島祭」は、「他の地ではなく青森県下北半島で行なうのだということを銘記してもらいたくて名づけた」と祭実行委員長の松橋勇蔵さんは言う。

『むつ』が再び大湊に回航され原子力発電所建設計画が矢つぎ早に押し寄せる下北半島。下北半島祭は終わったのではなく、いま始まったのではないかと思う」(一九八二年九月号)。

「もんじゅ」公開ヒアリング

動力炉・核燃料開発事業団が福井県敦賀市で計画する高速増殖原型炉「もんじゅ」建設のための公開ヒアリングが、一九八二年七月二日、敦賀市において開催を強行されてしまった。とはいえ県内の反原発グループは、六月二十七日には住民の立場で「もんじゅ」の危険性を検討する「住民ヒアリング」を開くなどして論議を深めてきた。ヒアリング当日には一万人もの人々が、前夜から夜を徹して、同炉の建設阻止・ヒアリング阻止を掲げて行動したことは、現地の住民を大いに力づけている。市内の各所で毎晩のミニ学習会も開いた、と「つるが原発ますほのかい」の太田和子さんが報告する。

「『もんじゅ』公開ヒアリング阻止に向けての活動の一つとして、敦賀市内一二ヵ所で『地区別ミニ学習会』を開いた。宣伝活動としては、前日、当日の二回、学習会の開かれる地区に出向き、宣伝カーによる街宣とビラ入れ。ビラは一軒ずつていねいに各戸を訪問して学習会の内容を紹介し、ぜひ出席してくれるよう、伝えた。

活動は、福井県評青年部、つるが反原発ますほのかい、暮しの中から原発を考える会とその他有志で行なった。なにしろ敦賀におけるこの種のミニ学習会は初めてのことであり、当初は皆大いに不安を持ったが、どの地区でもかなり好意的に受け入れられ、子供から老人まで、広い年齢層の人たちが参加してくれた」(一九八二年七月号)。

一九八三年　反原発の多様な闘い

公開ヒアリングに「島根方式」

一九八三年五月十三日から十四日にかけて開催された中国電力島根原発2号機の増設のための第二次公開ヒアリングに、反原発派も参加することになった。一九八〇年一月以来すでに一三回の公開ヒアリングがひらかれていたが、反対派の参加は初めてである。

原子力安全委員会や通商産業省による「公開ヒアリング」開催の狙いは、単に原発建設のための手続き、住民の意見も聞いたとする儀式、というだけでなく、その力づくでの強行もふくめて、「反対してもけっきょくムダ」というアキラメの醸成と、住民団体とのつきつめた議論の回避、議論の機会の封じ込めにある。そうした狙いを、この間のヒアリング阻止闘争は、多くの問題点を抱えながらも、突き崩す成果を挙げてきた。そこで、どのみち手続きはすすんでしまうのなら、いっそその場を反原発の世論づくりのための場所につくりかえてしまおう、と考えられたのが〝島根方式〟だといえる。

そのことをめぐっては『反原発新聞』第六〇号、第六一号で紙上論争があり、同年八月二十七日〜二十八日の「反原発全国集会一九八三」での分科会の議論に引き継がれて、貴重な意見の交換があった。ここでは島根原発公害対策会議の福田真理夫さんの「われわれは〝真剣勝負〟を闘った。いま、評価を全国の仲間に問う！」を引いておくことにとどめたい。

「もんじゅ」ヒアリングに抗議。1982年7月2日。

「私たちは、いわゆる『島根方式』にいささかの幻想も持たず、もちろん制度改革などの視点でとらえていません。

これまでくり返されてきた阻止闘争は、柏崎や島根の一次ヒアリングなどでは、あるいは阻止できるのでは、と真剣に考えてたたかいを組みましたが、その後は次第に、阻止できない結果を知ってのたたかいになりました。それ自体がひとつの儀式化し、真のたたかいとは遠く、私たちの目的とする『建設阻止』や『延期』に一歩も近づけないことを実感させられました。

ヒアリングに対し、阻止行動をとろうが参加しようが、手続きはすすんでしまうのです。だから私たちは、苦悩しながらも、新たなたたかいの道を選択したのです。

目的は、ヒアリングのまやかしの実態と原発構造全体の虚構を、だれの目にも見えるかたちで明らかにすること——。

これは、二日間の場内での行動と論戦で完全に浮き彫りにできました。通産省と原子力安全委員会のなれ合い、住民無視のヒアリングの本質が、参加者の目前でみごとに暴かれました。その結果、科学技術庁の安田長官も、『通産省の答弁はきわめて不十分。住民が怒るのも無理はない』との談話を発表せざるをえなかったのです。

巻の仲間がいう『原発建設の決定権を住民に奪い返す』たたかいに、私たちも大賛成です。島根のたたかいは、それに逆行するものではなく、必要なまわり道だったと信じます。

私たちは、こうしてひとつの〝真剣勝負〟に勝ちました。しかし、今後の長いたたかいの道をおもうとき、重い、容易ならざるものを感じます。むろん、『島根方式の定着・拡大』などは夢にも考えていません。島根と同じことを他所でくりかえすのは無意味です。もう二度と参加はありえないという材料を、『島根方式』は、全国の仲間に提供したのです。敵に勝つ有効なたたかいの方法を真剣に模索し、全国の仲間がそれを教え合い助け合う大切さを改めて思います」（一九八三年六月号）。

巻原発計画地の里道を整備

通商産業省による安全審査がすすめられている東北電力の巻原発1号機計画に関して、同電力は十一月二十四日、放射線の周辺監視区域内にある原発反対派の土地を周辺監視区域から除外する線引きの変更を考えている、と公表した。巻原発反対共有地主会が「東北電力を追いつめた！」と報告する。

「私たちの土地は、一号炉の炉心から三五〇メートルにあり、線引きのやり直しは、まったく不当なものです。さらに、私たちの土地に接した里道は予定地内の町道とつながり、しかも炉心近くを通って無数に広がっています。したがって周辺監視区域の線引きをやり直したとしても、ほんらいは決して安全審査を通せるようなものではないのです。

十一月二十三日、私たちは、この私たちの土地、里道、町道を守る闘いをより強固なものとするため、町道と私たちの土地＝団結浜茶屋を結ぶ里道を、自動車が通行できるように整備しました。この、私たちの通行権が明確な里道は、1号炉の炉心から二二〇ｍという近さです」。

共有地主会では数度にわたる通商産業省資源エネルギー庁の安全審査課との交渉で、土地の取得の見通しが立たなければ安全審査の結論は出せないとする安全審査課長の言質を得ている。また、新潟県や巻町との交渉で、共有地がある限り里道も町道も廃止できないことを確認させていた。周辺監視区域には、右の共有地主会の土地のほかにも、社会党県議らの所有地があり、さらに数ヵ所の民有地・墓地が未買収のまま残っている。民有地・墓地は、所有権をめぐり裁判で争われたりしている複雑な土地だ。そのいくつかは炉心から一〇〇メートルもないところに位置している。

一九八四年　再処理―プルトニウム利用政策への反撃

「核燃料サイクル基地」計画浮上

下北半島のつけ根、青森県上北郡六ヶ所村に、ウラン濃縮、再処理、放射性廃棄物貯蔵の「三点セット」を集中立地するという計画が明るみに出たのは、一九八四年一月一日付の日本経済新聞の記事によってである。四月二十日には電気事業連合会が青森県に協力を要請、立地点や施設の具体案を示して県、六ヶ所村に受け入れを要請するのは七月二十七日だ。こうした推進の動きに対抗して、七月一日に青森県内各地の住民組織の連合体である「あずましい（気持ちの落ち着く）青森をつくる住民の会」が結成されたのをはじめ、次々と新しい反対グループが誕生、学習会などの活動を精力的にすすめている。「ただちに反撃が始まった」と反原発八戸市民の会のMさん。

「一月一日付の日経新聞は、『核燃料サイクル基地／むつ小川原に建設／政府方針』と報じた。

三月県議会での北村知事の答弁はその可能性を示唆し、昨年夏からの水面下の動きも報じられ、むつ小川原開発株式会社や、地元六ヶ所村や東通村の動きが慌ただしくなってきた。

そして、四月十八日、電気事業連合会（会長＝平岩外四東京電力社長）は、ウラン濃縮工場、低レベル放射性廃棄物貯蔵施設、使用済み燃料再処理工場を青森県の下北半島・太平洋岸に建設する方針を決定し、二十日、青森にやってきて、県に正式要請した。

開発一五年を闘い抜いてきた六ヶ所を守る会は、すでに三月中旬、槌田敦氏を招いて学習会を開き、再結集をした。四月二十日、六ヶ所を守る会、東通村白糠《しらぬか》の漁民、関根浜海を守る会および支援の住民運動、市民運動九団体は、『核燃料サイクル基地の下北立地に反対する共同アッピール』を発表し、電事連、青森県に対して申し入れを行なった」（一九八四年五月号）。

青森県むつ市の大邑《おおむら》登喜夫さんの報告。

「県・六ヶ所村の推進姿勢に抗して県内の反原発団体は、きめ細かな学習会をはじめ、さまざまな運動を展開してきたが、十一月二十四日には『核燃料サイクルを考える文化人と科学者の会』主催のシンポジウムが、また十二月一日には九人の発起人による『核燃料サイクル施設問題を考える県民シンポジウム』が青森市内で相次いで開かれ、県の『専門家会議』の答申への強力な批判となった」（一九八四年十二月号）。

プルトニウム輸送

一九八四年十月五日、約二五〇キログラムのプルトニウムを積み込んだ輸送船がフランスを出港し、十一月十五日未明に東京港で陸揚げされ、動力炉・核燃料開発事業団のプルトニウム燃料加工施設に運ばれた。それに対し、科学技術庁への申し入れや東京湾入港当日の抗議行動などがとりくまれた。

「許すな核燃料輸送！神奈川連絡会議」の竹村英明さんが報告。

「プルトニウムを積んだ『晴新丸』が十一月十五日午前二時四〇分ころ、東京湾に入港した。人々が寝静まった真っ暗闇のなかで東京港一三号地だけが赤々と空を照らし、付近の道路はすべて警察官によって閉鎖されていた。荷揚げ作業は入港後直ちに行なわれ、午前七時すぎにはプルトニウムのコンテナを積んだトラックが茨城県東海村の動燃事業団事業所に向けて出発した。私たちの予測は見事に裏切られ、予定した海上デモ、陸上抗議は肩すかしに終わった。

しかし、ゴムボートで漕ぎ出したグリーンピースのメンバーをはじめ、たくさんの人が深夜、一三号地に結集し、警官に包囲されながら抗議の声を上げた。トラックの出発にも抗議の声をぶつけた。また、トラック出発後ではあったが、約七〇名が二隻の船で海上デモを行ない、それとは別にやはり約七〇名が『晴新丸』の前で抗議集会をもった。総評・社会党・原水禁も埠頭の公園で三〇〇人の集会を開き、雨中のデモをした」。

さらに竹村さんは、行動の意義を問う。

「輸送されたプルトニウムは、日本の原子力発電が生み出したものである。世界のどこにもおしつけるわけにはいかない。私たちに、このプルトニウムを拒否する権利があるのか。私たちは、入港当日に先立って、『プルトニウムの輸では逆に、受け入れる義務があるのか。私たちは、入港当日に先立って、『プルトニウムの輸送に反対する東京湾周域住民の共同声明』を四〇団体近くの連名で発表した。当日の抗議行動も、それら団体で構成する『プルトニウム輸送に反対する緊急会議』の共同行動として取りくまれたのだが、声明の発表にあたって、右の問題が議論になった。そして、その結果、『東京湾への入港に反対する』というくだりが削除された。そこでは、少なくとも私たちにプルトニウムを拒否する権利はないと判断されたのである。では、そのプルトニウムをどうするのか。

私たちの目的はプルトニウムの輸送を永遠に止めさせること。プルトニウムを生産する原子力発電を止めさせることだ。原発は今も、どこに置いてもいけない。しかしどこかに置くしかないプルトニウムを増やしつづけている。私たちの意思とは無関係に。それなのに、プルトニウムを生み出した責任は私たちに押しつけられようとしている。それは、はっきりと拒否するほかない。だから入港阻止というのが、共同声明を提起した私の気持ちだった。

プルトニウムはフランスから出すな！　使用済み燃料は日本から出すな！　核物質は動かすな！　こういう立場しかないように思えるのだが、それについては皆さんからの批判や反論をぜひお聞きしたい。より深い議論がまき起こされるとすれば、それこそが今回の抗議行動の一番の成果となるだろう」（一九八四年十二月号）。

まさに使用済み燃料は日本から出すな！と、東京港入港の前日、静岡県御前崎《おまえざき》市で抗議行動が取り組まれている。「プルトニウムの元を止めよう」という行動を「浜岡《はまおか》原発に反対する住民の会」が報告していた。

「十一月十四日、中部電力は浜岡2号の使用済み燃料六八体を御前崎港からフランスにむけて搬出した、海外搬出は、一昨年十一月以来、イギリス、フランスに各三回となった。

浜岡原発に反対する住民の会は、同日午前八時より、輸送道路に面した御前崎海岸で抗議集会とデモを行なった。参加者は、東京、名古屋、京都などの仲間もふくめて四〇人。これに対し静岡県警は、七両の機動隊輸送車、各一両の護送車、放水車、二〇〇人の機動隊、四〇人の私服警官を動員し、集会場に面した防波堤の上に機動隊員が立ち並ぶというように警備をエスカレートさせてきている」(一九八四年十二月号)。

柏崎原発に初の燃料搬入

東京電力の柏崎刈羽原発1号機への初装荷燃料の輸送が一九八四年六月十二日から始まった。抗議行動を反原発新聞柏崎市局のYさんが報告している。

「核燃料は、一一トントラック一六台に積み込まれ、四体に分かれて横須賀の日本ニュクリア・フュエル〔現・グローバル・ニュクリア・フュエル・ジャパン〕加工工場を出発、十三日未明、反対派の抗議行動を一〇〇〇人の機動隊で排除して、原発敷地内に搬入された。

東京電力は十二日午前九時半、安全協定に基づいて新潟県と柏崎市、刈羽村に燃料輸送の日時とルートを正式に通告したが、それは、輸送の第一陣が出発する、わずか一時間前だった。

こうした東電の隠密作戦と過剰警備にもかかわらず、『許すな核燃料輸送!神奈川連絡会議』や『核輸送に反対する首都圏交流会』のメンバーらによる情報収集・監視行動により、また、埼玉や福島の輸送ルート沿いの反原発グループの監視行動により、柏崎現地の本部には定期的に正確な情報が伝えられ、県境からは県内の同志に監視行動が引き継がれて、効果的な反対行動を組織することができた。

柏崎・巻原発設置反対県民共闘会議は、十三日零時に、一〇〇〇人の動員を要請した。核燃料の搬入という節目の重要なたたかいであることを認識している反対派住民は、真夜中だというのに県下全域から続々と参集し、要請数をはるかに上回る一二〇〇人に達した。

一時過ぎ、東電ゲートから約一・三キロ離れた侵入道路わきの空き地での集会を終えた一二〇〇人の仲間は、ゲート前に結集。阻止線を破り、座り込みを敢行することができた。輸送第二陣の到着を間近にして、二時半ころから機動隊の暴力的な引き抜きが始まる。到着予定時刻を一五分ほど過ぎて、ようやく引き抜きを終わり、パトカーに先導された輸送車が『搬入は許さないぞ』のシュプレヒコールの中を原発敷地内に消えていった。四時、反対派は総括集会を開き、あと五回の搬入に反対する決意を新たにして解散した」（一九八四年七月号）。

伊方裁判高裁判決

八四年もおしつまった十二月十四日、高松高裁において、四国電力伊方原発1号機設置許可取消し請求訴訟の控訴審判決が言い渡された。控訴棄却。国による設置許可は適法だったとする一審判決を支持する判決である。伊方原発反対八西連絡協議会の近藤誠さんはしかし、意気軒高だ。

「この判決に対して、伊方町を含む隣接三町の農民・漁民が原告となっている原告団と、原発反対四団体で構成する伊方原発反対八西連絡協議会のメンバーは、裁判所構内の庭で判決の結果を待っていた支援団体や報道関係者の前に『げどう　がんごに屈す』と書いた紙を示して、判決への原告住民の怒りを表明した。

『げどう』とは『外道』である。公正なる審理を義務づけられたはずの宮本裁判長らが、審理の半ばにも至らぬうちに突然の審理打ち切りと結審の暴挙を行ない、六度にわたる原告の審理再開要求にも耳を貸すことなく判決を強行した、『道を外した』姿に冠した言葉であり、われわれの住む愛媛県西南部地域では『この　げどされが！』と許しがたい敵に投げつける言葉である。

この『げどう』を屈せしめた『がんご』とは、これまたわれわれの地域で『巨大で、得体の知れぬ化け物』としてよく知られている怪物のことであり、当然にも、今日この地方で最大最悪の怪物である原発と、さらにその原発に群がり、それを陰に陽に支える巨悪な黒幕、横暴なる権力・金力を指したものである。

そう。これでおわかりのごとく、今回の判決で〝負けた〟のは、原告住民ではない。負けたものがあるとすれば、それは、原発を何がなんでも強行推進せんとする圧力に屈して裁判の公平さ、司法の独立性を守れなかった宮本裁判長らである。

原告住民は、即刻、不当判決を認めることなく最高裁へ上告することを決め、表明した。原告のなかで最年長で八西連絡協の事務局長をつとめる矢野浜吉さんは、『なんとわしらは〝大審院〟までものぼる原告ぞよ、ウォッホッホッー』と、以前に倍する闘志の燃え方である」（一九八五年一月号）。

原告たちは同月二十七日、最高裁に上告した。

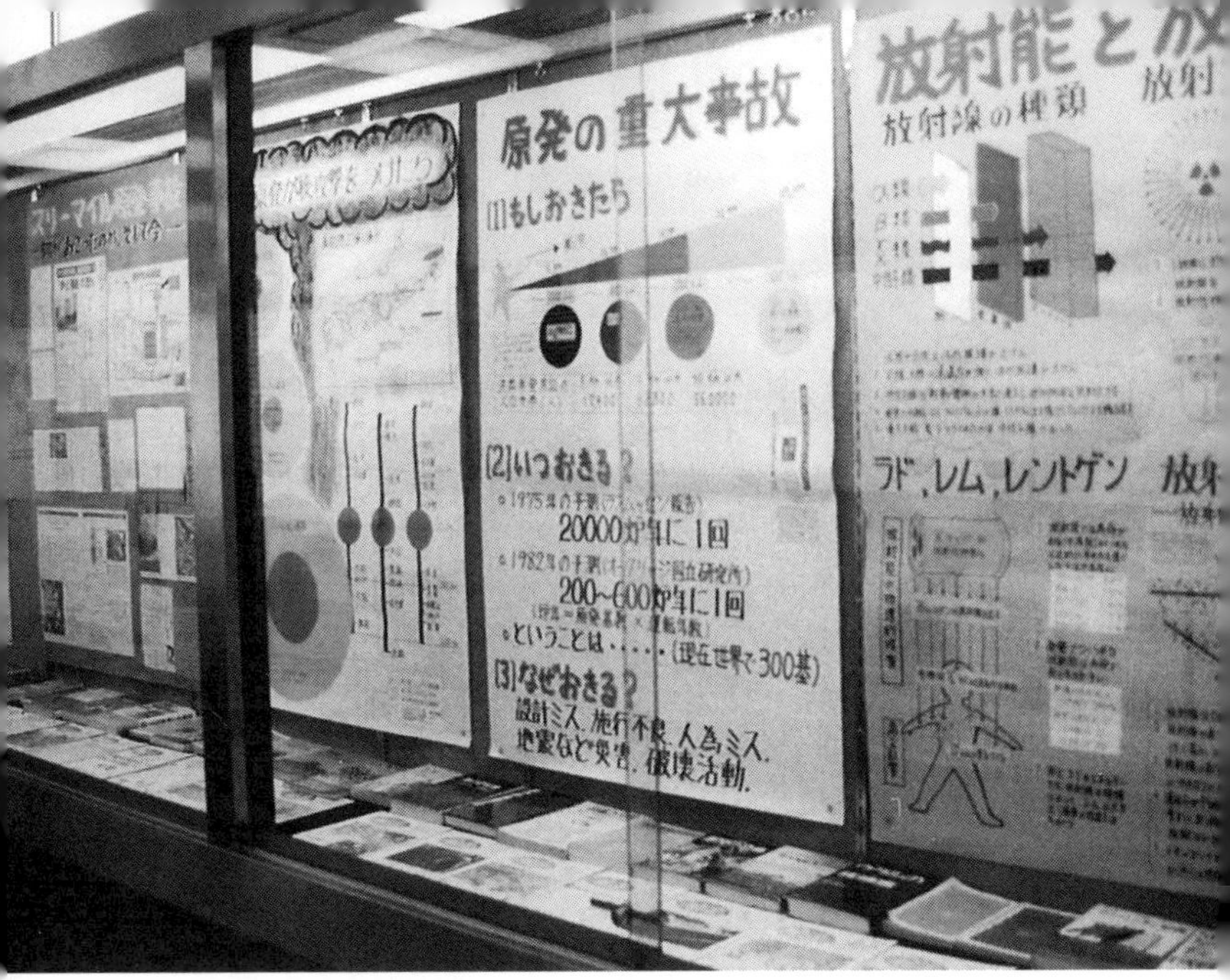

図書館での反原発展示。1984年7月5日〜12日。

これに先立つ七月二十三日には、福島地裁で、東京電力福島第二原発1号機をめぐる同様の訴えを棄却する判決があり、原告団は仙台高裁に控訴している。二つの裁判は、一九九二年十月二十九日、最高裁で共に敗訴が確定することになる。

図書館で反原発展示

反原発の運動には、さまざまな形態がある。名古屋の「反原発きのこの会」は、市立図書館での反原発展を成功させた。

「三年前、中部原子力懇談会が名古屋市立図書館の一つで原発PRの展示会を行なった。われわれもぜひやりたいと申し込みをして、途中でトラブルもあったが、今回やっと実現した。期間は七月五日から十二日までの八日間である。

展示の出来映えは図書館長も認めた（？）

ほどで、一二枚の、図表を中心としたパネルが完成した。同時に、風雲急を告げる芦浜（三重県、中部電力の原発計画地）の写真パネル一二枚を特別展示」（一九八四年八月号）。

一九八五年「反核燃の日」と「幌延デー」

核燃料サイクル基地で基本協定

一九八五年四月九日、青森県議会全員協議会で知事が核燃料サイクル施設受け入れを表明した。以来毎年、「4・9反核燃の日」の行動が取り組まれることになる。同月十八日、青森県・六ヶ所村と日本原燃産業・日本原燃サービスの四者が、電気事業連合会の立ち合いで立地の基本協定に調印した。そうした動きに対し、青森県労組会議や「あずましい青森をつくる住民の会」などは二月一日から「核燃県民投票条例直接請求署名」に入る。反原発新聞青森市局のSさんの報告。

「これは、立地受け入れの可否は県民投票で決めようとするもので、必要署名数の二万二〇〇〇人を上回る一〇万人の署名が目標である。四月下旬に本請求が受理される運びとなれば、五月上旬に臨時議会。それまでは受け入れの結論は出せない。県民の意識調査では賛成・反対・不明が三分の一ずつ。それだけに『わかられてしまわないうちに早く結論を』というのが、推進派の本音だが、これを封じ込める闘いのチエをさらに編み出し、計画の撤回へと追いつめたい」（一九八五年二月号）。

しかし、北村正哉知事は九万二〇〇〇筆に達した署名を無視し、県民投票条例の請求前に受け入れを決めてしまった。

幌延で形だけの調査着手

動力炉・核燃料開発事業団が北海道幌延《ほろのべ》町で計画する高レベル放射性廃棄物の「貯蔵工学センター」をめぐっては、一九八五年九月十三日に北海道知事が拒否回答をしたのに対し、道議会は十月一日に立地調査促進決議。同月十一日、反対道民八〇〇人余が「道民の船」で東京の動力炉・核燃料開発事業団に押しかけ、計画の撤回を迫った。反核・反原発全道住民会議の大島薫さん・大和説子さんが報告する。

「『緑の大地に核のゴミはいらない！』『動燃・科技庁は計画をあきらめろ！』」

十月十一日、雨の降りしきる都心に道産子《ドサンコ》の熱いシュプレヒコールが響き渡った。この日の朝九時、『反核道民の船』で東京港の晴海埠頭に降り立った抗議団は八二〇名。三六時間の船旅、それも、久米三四郎、水口憲哉両氏の講演、映画『ダークサークル』、下北・幌延の現地報告など密度の濃い〝洋上市民大学〟や交流会を行なってきた疲れも見せず、動燃事業団と科技庁に、北海道幌延町の高レベル廃棄物貯蔵施設反対の札幌市民の署名二二万名分を突きつけ、銀座で牛乳とジャガイモ二〇〇〇袋を配りながら都民に訴え、国会─科技庁─動燃─清水谷公園をデモ行進。さらに市民グループは夜の交流集会にも参加と終日、都心を駆け巡った。

この〝東京大行動〟は、三ヵ月にわたり五〇〇ヵ所以上で展開されたスライドを利用しての学習会や、各区の勤労協・市民グループによる独自の取り組みの積み重ねが結実したものであり、横路知事の反対回答に対する自民党の立地調査促進決議案の道議会での強行採決という、政治的な膠着状態を私たち自身の力で突き破り、動燃・科技庁を追いつめるものだった」(一九八五年十一月号)。

反対道民は十一月二日から幌延現地で立地調査監視体制を組んだが、連休で監視のゆるんだ二十三日、動燃は隠密行動で形だけの調査着手をし、マスコミを使って宣伝した。以来毎年、「11・23幌延デー」の行動が、猛吹雪も恒例のように取り組まれることになる。反原発新聞名寄支局のTさんの怒りの報告。

「十一月二十三日早朝、動燃事業団は北海道幌延町で、反対派の監視のスキを突いて、高レベル廃棄物施設の事前調査に着手したという形式づくりを強行した。早川倫仗《のりみち》核燃料部次長ら五人が、深夜に現地入りして早朝から民有地内を踏査、ボーリング予定地点の樹木にスプレーで表示するなどを行なったもので、『地元の理解と協力なしに調査は実施しない』とする国会答弁をも踏みにじったものだ。

翌二十四日には酪農民や労働者約三〇〇人が動燃事務所前で抗議集会。二十八日には二〇〇〇人の抗議集会が開かれ、また、隣接の中川町農協や道指導漁連、各地の市民運動なども抗議の意思を表明するなど、前代未聞の動燃のやり口に怒りが広がっている」(一九八五年十二月号)。

熊野市議会特別委の活動を凍結

三重県熊野市議会は一九八五年三月二十三日、「拒否決議を白紙にもどし調査研究機関をつく

酪農民・住民総決起集会が初めて開かれた。1985年11月11日。

る」と抜き打ち的な決議を強行する。調査研究機関として原発調査特別委員会が六月議会で設置された。しかし十月二十八日、市議会全員協議会で委員会の活動を凍結するとの申し合わせに追い込んだ。

「熊野原発反対同盟連絡会事務局・三紀地区労議長」の更谷《さらたに》令治さんが報告する。

「これは、強力な漁民・市民の運動を背景にした八人の原発反対市議のねばり強い活動によって多数の推進派議員を追い詰めたもので、拒否決議が白紙にもどされたままであるものの、推進決議への道を閉ざしたと言えます。

三月議会での議員提案の眼目は『急速な過疎化の現状のもとでの地域活性化』という大義名分にあり、反対運動もまた、この問題にガチッと喰いこむ運動を考えてきました。そこで、私の所属する自治労熊野市職労では、みかんやサンマの丸干しなどの産地直送のあっせんを二年前から行ない、一定の成果を上げてきました。さらに今年は、全国キス釣り大会を自治労三重県本部の主催で十一月十日に誘致し、一八〇〇人が参加する一大イベントに市は湧きかえりました。

これらの運動の取り組みのなかで、原発推進に傾きかけていた幹部もいた金山パイロットみかんでも、今年の三月議会からの闘いでは、金山出身の市議に強力に働きかけてくれるなど、私たち市職労をして『よかったのう。俺らの闘いはこれからだ』との自信を強めさせる成果がありました」(一九八五年十二月号)。

六ヶ所・村おこしコンサート、祝島・反原発夏祭り

核燃料サイクル基地計画で揺れる青森県六ヶ所村で一九八五年八月十八日、「空と海と大地の祭典——村おこしコンサート」が開催された。「快晴の中、約五〇〇名の参加で賑わった」と、「あずましい青森をつくる住民の会」の伊藤裕希さん。「第一部は三上寛と友川かずき&ピップエレキバンドのコンサート。第二部は『農業と核燃問題を考える青空交流会』だ。企画の中心となった開拓二世で酪農を営む青年たちは、北部上北、庄内、倉内の各酪農協に属している。村内で青年層が後継者としてまとまって残っているのは酪農家のみ、という現状からの訴えは、新鮮さとともに、強い使命感を感じさせるに十分だった」(一九八五年九月号)。

同じ八月の四日、山口県上関《かみのせき》町の祝島《いわいしま》では「反原発夏祭り」が開かれている。祝島の山戸《やまと》貞夫さんが報告する。

「毎年多くの帰省客でにぎわうお盆に、島外在住者とともにふるさとのよさを再認識し、反原発の運動をさらに強めようと、『われらのふるさと祝島──反原発夏祭り85』を行なった。恒例の盆踊りのほかに、八月十四日には『おおらかに脱原発を』と島内デモ・講演会。十五日には『伝統をひきつぎ、こぞって楽しもう』と櫂伝馬《かいでんま》と漁船七〇隻による反原発大海上パレード、十六日には『子どもたちに海のめぐみを伝えよ』とミニ水族館・四つ張り網実演……と、盛り沢山の企画。この祭りを楽しみに帰った人で島はあふれ、活気に満ちた大成功のうちに祭りは終わった（同上号）。

一九八六年〜一九九二年　脱原発への飛躍

チェルノブイリ原発事故（ノーボスチ通信社提供）

概要

事故によって時代区分が変わることには忸怩《じくじ》たる思いもあるが、一九八六年四月二十六日のチェルノブイリ原発事故を契機に、「脱原発」という言葉が定着する。現に存在する原発を止められるという展望があって初めて、脱原発が力強い運動となった。

とはいえ国レベルで脱原発に動く海外の動向と比べると、チェルノブイリ事故後にしてなお一基の原子炉設置が許可されて着工、さらに二基が国の建設計画に組み入れられ、北海道の幌延町や青森県の六ヶ所村を放射能のゴミ捨て場とする計画のゴリ押し――というのが日本の状況だった。

高レベル廃棄物「貯蔵」の計画地、北海道の幌延町では一九八六年八月十日、立地環境調査が終了した。しかし四月十二日の知事選では計画反対の横路孝弘知事が圧勝、五月十二日には全道漁協組合長会議が反対決議をしたことにもみられるように、道民の反対は根強い。九〇年七月二十日には北海道議会が反対を決議している。

青森県六ヶ所村では整地作業が進み、一九八六年五月二十六日には日本原燃産業が、まずウラン濃縮について事業許可の申請を行なった。申請のしやすいところから手をつけていって、〝本命〟の放射能のゴミ捨て計画の地ならしを――という狙いである。続いて八八年四月二十七日に低レベル放射性廃棄物埋設の許可申請。八九年三月三十日には、日本原燃サービスが再処理および廃棄物管理（返還廃棄物＝電力会社が使用済み燃料の再処理を委託しているイギリス、フランスから返還される高レベル廃棄物の貯蔵）の事業認可を申請。これも、認可を早く得やすいようにとの思惑だった（日本原燃産業と日本原燃サービスは九二年七月一日に合併し、「日本原燃」となる）。

もともと返還廃棄物は、再処理工場計画のなかで付属の廃棄物貯蔵施設をつくり、そこに引き取る予定だった。しかし、肝心の再処理工場計画は、地元の住民の根強い反対と、技術開発の停滞と、電力会社の意欲の低さから、ずるずると遅れ、返還廃棄物の引き取りにはとても間に合わない。そこで、再処理の事業とは独立に、返還廃棄物の貯蔵を独立の事業としてできるようにしよう、再処理工場はあとまわしにして、ともかくゴミ置き場をつくれるようにしよう——と強行されたのが一九八六年五月二十一日に成立した原子炉等規制法の改悪だった。返還廃棄物の引き取り・貯蔵を「再処理の事業」に付随するものとする従来の考え方では、再処理工場そのものが安全審査にパスしないと、付属の廃棄物貯蔵施設もつくれない。ところが、法改悪によって貯蔵が独立に行なえることになれば、再処理工場より甘い貯蔵施設だけの安全審査で早く認可が得られると判断したのだ。結果として再処理よりやや早いだけだったとはいえ九二年四月三日に許可が出て、五月六日に着工された。

ともあれ、これにより「核燃三点セット」（再処理・ウラン濃縮・低レベル廃棄物埋設）は、高レベル廃棄物の貯蔵が独立して「四点セット」に変わった。

一九九〇年十一月二十日、「低レベル」廃棄物の埋め捨て施設の着工が強行される。九一年九月二十七日、ウラン濃縮工場に、最初の原料ウラン（天然六フッ化ウラン）が搬入された。東京湾大井埠頭からの輸送ルート沿線各地、そして工場ゲート前での抗議の中、強行されたものである。濃縮作業は、十二月十一日から始められた。

九二年十二月二十四日、再処理工場の建設に内閣総理大臣の許可が出た。「核燃四点セット」すべてが許可されたことになる。ウラン濃縮工場は、同年三月二十七日に本格操業に入った。「低レベル」放射性廃棄物の埋設施設には、十二月八日からドラム缶が運び込まれ始めた。

「核のゴミ野放し法案」と名づけての反対運動が展開されていた、放射性廃棄物の「すそ切り」を認める原子炉等規制法の一部改正案が、一九八六年五月二十一日、とうとう参議院で成立してしまった。返還廃棄物の貯蔵を独立させた前述の改正案で、同時に認められたものである。

しかし、それもいわば最後の悪足掻き。「脱原発」の波に洗われる日の近いことも示されている。高知県窪川町では一九八六年一月二十九日、原発推進派の町長が、誘致を断念して辞職した。三月三十日には和歌山県日高町の比井崎《ひいざき》漁協が、関西電力日高原発の建設のための事前海洋調査を拒否して、計画を締め出した。日本における脱原発の流れが目に見える形になり、七月三日には和歌山県日置川（現・白浜町）の町長選で、関西電力の日置川原発計画に反対を掲げた候補が当選している。

一九八六年　チェルノブイリ原発事故

放射能は日本にも

一九八六年四月二十六日、旧ソビエト連邦ウクライナ共和国のチェルノブイリ原発4号機で原子炉暴走事故が起こった。同月二十五日に福井地裁で高速増殖炉「もんじゅ」裁判の第一回公判が開かれていて、「原告を代表して磯辺甚三さんが、法廷内に響きわたる朗々とした口調で、住民の心情を訴えた」と反原発新聞福井支局の小木曽美和子さんが伝える。「次代の人たちへの責任を誰がとるのか。科学よ、おごるなかれ」（一九八六年四月号）。

おごった科学がもたらしたのが、翌日の事故だった。

さて、その事故が放出した放射能だが、いわゆる専門家を含めて多くの人が八〇〇〇キロ離れた日本にまで飛んでくるとは思っていなかった。ところが五月四日、千葉や岡山で雨水や水道水、ヨモギからヨウ素‐一三一が検出されている。京都大学原子炉実験所でも同日、今中哲二さんらが雨水からヨウ素‐一三一、同‐一三二を検出した。他にもテルル‐一三二、セシウム‐一三四、同‐一三七、ルテニウム‐一〇三などを検出している。母乳からもヨウ素‐一三一が検出された。

事故の後に大阪で結成された原子力災害研究会は五月十七日、「放射能の不安にこたえる電話相談室」を開設した。京都反原発めだかの学校では五月二十五日、「ソ連原発事故──あなたの不安にお答えする相談室」を開催した。まずは「電話相談に質問が殺到」と、原子力災害研究会の和田長久さんの報告。

「十七日の午前、臨時電話を取り付けた直後から電話が鳴りっぱなしという状態で、結局、当初の予定だった二十四日にはとても終わらせることはできず、二十七日まで延長することにした。時間は一応、午後一時から五時までにしているが、それには関係なく、電話は鳴りつづけている。電話をかけてくる人たちのほとんどは女性である。妊娠中の人や乳幼児を抱えたお母さんだ。

牛乳を飲んでも大丈夫か、野菜は、水道水はどうかといった質問から、雨に濡れたが心配はないだろうか、洗濯物を外に干しても大丈夫だろうかといった質問まで、実にさまざまな相談がかかってくる。科学技術庁が許容濃度以下だから安心といっても、誰も信用していないのである。

十九日の夜、原子炉実験所の今中哲二氏らに分析を依頼していた母乳から一リットルあたり約三〇ピコキュリーのヨウ素‐一三一が検出されたという連絡があった。これを発表するかどうかは、かなり迷った。ノイローゼになるお母さんがでるのではないかなどと、ずいぶんためらった後、二十日に記者会見することにした。事実を知った上で、そのような状況に私たちすべてが置かれていることから、どうすればよいかを考える以外に出口はない、と判断したからである。

相談件数は一日五〇件から六〇件に及び、もし電話を何本も設置すれば、それだけ相談件数も増加しただろうと思う。相談室を設置して痛感したのは、ほんらい行政がしなければならないことがまったく行なわれていないために、不安が高まっているということだ。相談してくる人たちの不安は当然の心配であり、むしろ健全な思考をしているからだと思われた。ただ、一人ひとりの心配は、多くの場合、自分の子供のことだけに限定され、全体の状況にまで目がいかないことが問題である。もしこのような国民の関心をもっと社会的に広げることができるならば、私たちの反原発運動は大きく飛躍させることができると思う」(一九八六年六月号)。

文中の「ピコキュリー」は旧単位で、現在使われている「ベクレル」に換算すると、三〇ピコキュリーはほぼ一ベクレルに相当する。

京都の「相談室」は、事故当時に京都市とは姉妹都市のウクライナ共和国キエフ市を訪れていた西田輝雄市議の体験談からスタート。「つづいて大阪大学の久米三四郎氏が母乳からのヨウ素-一三一の検出について話し、そのあと、主催者が用意した質問、約八〇名の参加者からの質問に、久米氏と京都精華大学の中尾ハジメ氏が答える形で、『相談室』はすすめられた」と、「京都反原発めだかの学校」が報告する（同右号）。

運動の広がり

当然ながら反原発運動は広がりを見せ、さまざまな新しい動きが生まれた。その活動もユニークだ。静岡では、「原発と核をこわがる女たちの会」が誕生。同会の中村かな恵さんが言う。

「低温殺菌牛乳を飲み、無農薬・有機農法の作物を共同購入している私たちのグループ『自然とくらしを考える会』にとって、チェルノブイリの事故は、途方に暮れる出来事でした。そこで、自然と暮らしを考える会のメンバーの何人かが呼びかけて、反核・反原発のグループをつくりました。その名も『原発と核をこわがる女たちの会』。

八月の最終日曜日には、静岡駅前の街頭で『原発こわい、やめて！』という真っ赤なチラシを配り、布芝居（一メートル×一・四メートルの布をつかった、紙芝居ならぬ布芝居）を上演しました。歩行者天国の道路にゴザを敷き、四回で延べ一〇〇人以上のおとなとこどもが興味をもって見てくれました」（一九八六年十一月号）。

対岸の大分で伊方原発反対運動が産声を上げた、と報告するのは「大分市民の会」の小坂正則さんだ。「私の住む九州の大分市から豊予海峡をへだてた対岸の四国電力伊方原発までの距離は、わずか七〇㎞です。それでも、今までは、やはり他所事に考えていました。しかし、ソ連の事故が起こってみれば、国境すら超える放射能の前に、県境など何の意味もありません。それどころか、なまじ県が違い、四国と九州に一見離れて感じられるだけに、不幸にして伊方原発で大事故が起き、地元の住民が避難をはじめても、大分の市民には何も知らされない、といったことが現実味を帯びて考えられます。

そこでまず『伊方原発にたったひとりで反対する会』を名乗り、十月二十六日のチェルノブイリ原発事故半周年の全国各地の行動につながる『伊方原発とめよう！大分行動』を提起しました。『八月三一日に伊方原発見学ツアーを行なうので、参加できる人は午前八時、佐賀関町のフェリー乗り場へ』と呼びかけたら、当日は、子供三人をふくめて一五人の参加者となりました。

この日の見聞を生かし『たったひとり』から一挙に増えた仲間とともに、『大分行動』を楽しく創っていきたいと思います」（同右号）。

前出「女グループ」の戸田るり子さんが呼びかけたのは、「さあ10・26『反原子力の日』――核燃料工場をとりかこむ女たち、男たち、子どもたちの手、手、手――行動」。大阪府熊取町にある原子燃料工業の工場を、みんなの手形でとりかこもうというものだ。

「朱色の絵の具を手のひらに塗り、障子紙にペタリと押した手形。大きな手、小さな手、細い手、太い手。外に出かけにくい、小さな子供をかかえた女たちや、デモや集会にはチョットという人たちにも、家にいながら『原発ストップ』の意志の表示ができる。この手形の『署名』は好評で、どんどん集まっています」（同右号）。

当日は七〇人余りが、海外一四ヵ国からをふくむ約二五〇〇人の手形を両手で高く持ち上げて工場を取り囲んだ。

そして同日夜には「さよなら原発・消灯キャンペーン」も呼びかけられていた。「少人数でやっても効果がないのでは、とも考えていたのですが、まわりの友人たちと話をして、ともかく始めてしまう、毎月二十六日の夜八時から、五分間でも一時間でも一晩中でも、できる範囲で電気をとめるよう呼びかけよう——と決めたのです」と東京都のＭ・Ｉさん。「電気を消したなかで、暮らしに入り込んでいる余分なものについて考えるのも、電気のありがたさを考えるのも、電気を、ものを、大切にしていく方向につながることだと思います」（同右号）。

風船飛ばし

原発の建設地や建設計画地から風船に返信用のはがきをつけて飛ばす行動が、各地で行なわれている。ひろった人からの返信で、放射能が風に乗ってどんな方向にどれくらい飛ぶかの目安にするとともに、その危険性を知ってもらおうというものである。チェルノブイリ原発事故の前からも行なわれていたが、一九八六年には特に盛んに風船が飛ばされた。

「『とんでけ原発!!』——この言葉を合図に、九月十四日、茨城県東海村の原発のそばの浜辺に関東各地から集まった五〇〇〇人余の人々の手から、約四〇〇〇個の風船がいっせいに放たれた」と風船行動実行委員会の阿部裕行さん。

「当日は参加できないが、カンパだけでもしたい、と風船代金のカンパをしてくれた人びとも

茨城県東海村での「風船行動」。1986年9月14日。

加えれば、実に一〇〇〇〇人規模の行動である。いわゆる反原発の活動家でない人が大勢参加してくれたことこそ、今回のアクションの最大の特徴だろう。参加できる〝何か〟を求めている人々が数多くいることを、それは示している」（一九八六年十月号）。

「山口県上関町の『原発に反対し上関町の安全と発展を考える会・婦人部』と『祝島愛郷一心会』では、今年の二月、五月、八月と三回の風船あげを、中国電力の上関原発計画地である四代《しだい》田ノ浦と祝島で行なった」と反原発新聞上関支局。「毎回約五〇〇個飛ばす風船は、そのつど約一〇通の返事をはこんでくるが、偶然に風向きが同じだったのか、ほとんど同じ方向に飛んでいるようだ。上関町周辺はもとより、瀬戸内海を渡って愛媛の伊方原発の近く、はては一三〇㎞離れた高知市にまで届いている」（同右号）。

柏崎支局からは、「一九六九年に東京電力が柏崎刈羽原発の計画を発表して以来、不定期にではあるが、返信用ハガキをつけた風船をたびたび飛ばしてきた。今年の三月以降は、毎月一回、一〇〇個の風船を定期的に飛ばすこととし、すでに七回実施している」（同右号）。

鳥取支局からも「私たち鳥取県内の反原発市民団体四団体は、中国電力が長尾鼻岬に建設の青写真を隠し持つ原発計画を断念させるため、婦人団体や労働団体の協力も得て、一九八二年より毎年、長尾鼻岬の地元、青谷町で五〇〇個の風船を上げてきた」。過去四回の返送ハガキの回収状況は〇〜三枚だったものが、一九八六年五月には四七枚も返ってきたという。「この結果には私たちもビックリで、やはりチェルノブイリ原発事故の衝撃によって、県民の関心が急激に高まったことを示すもの、と受けとめている」（同右号）。

なお、野鳥に与える影響などを考慮した風船が早くから使われるようになっている。

核のゴミ野放し法案

放射能のスソ切りに道をひらく原子炉等規制法の改正案が一九八六年三月七日に衆議院に提出されたことに対し、反原発市民団体は、大きな反対運動を起こそうとしていた。スソ切りとは、一定放射能レベル以下の放射性廃棄物を、ズボンのスソを切るように放射性廃棄物としての規制から除外してしまうことを言う原子力ムラの造語である。三月二十八日には、スリーマイル島原発事故七周年の集会を「核のゴミ野放し法案をつぶそう！　3・28集会」として開く。同日、総評・原水禁・社会党は、法案に反対する一八三団体の署名を科学技術庁長官に手渡した。日本消費者連盟は一万六四五四人の署名を、同庁と厚生省、通産省に提出した。「原子炉等規制法改悪反対全国集会」を五月十日に東京で開催することにし、改悪に反対する学者らの名前を連ねた共同声明を使ってポスターまでつくった。

ところが、その直前の四月二十六日、チェルノブイリ原発事故が起こる。全国各地で電力会社や自治体への申し入れ、集会、議会質問、街頭宣伝、新聞広告などなどが取り組まれ、科学技術庁、通産省、東京電力に押しかけることになる。そんななかで五月十日の「原子炉等規制法改悪反対全国集会」は予定通りに行なわれ、熱気に包まれたが、国会ではチェルノブイリ原発事故も知らぬげに五月二十一日、参議院で法案を可決、成立させてしまった。

一九八七年　新しい動き、つづく

「女たちの会」

一九八七年、和歌山県内で「女たちの会」が大きく歩みだしたことを、和歌山市の松浦雅代さんが伝えている。

「四月二十六日、紀ノ国の北から南から、二〇〇人以上もの女たちが、田辺市で開いた井戸端会議に集まりました。

ことの発端は今年の二月八日、県内の原発候補地、日置川町で『ふるさとを守る女の会』の結成集会を開いた時の交流会でした。そのとき結成を準備していた田辺市の『つゆくさの会』、和

「紀伊半島に原発はいらない女たちの会」を結成。1987年4月26日。

歌山市の『原発がこわい女たちの会』と、既に結成されていた那智勝浦町の『下里子供を守る会』と日高町の『原発に反対する女の会』の五つのグループで『紀伊半島に原発はいらない女たちの会』を県の連絡会として、チェルノブイリの事故から一年目の四月二十六日に結成しようと話し合ったのです。

　各地の新しい『女の会』の最大の難関は、だれが代表になるかです。引き受けたら引き受けたで『おまえがせんでも』という夫の反発に会い、まず夫を協力会員にするということが最初の最大の仕事でした」（一九八七年五月号）。

　女たちは、祝島・広島にも集まったと、「デルタ女の会」のYさん。

「広島のデルタ女の会が全国の女たちに呼びかけた『八・九ヒロシマ―女たちの集い』の前々夜祭の祝島（山口県上関町）へのツアーには、全国から一〇〇人近くの女たちと子供たちが参加した。八月七日夜、五年間毎週欠かさず続いている島内デモに合流し、約二〇〇人の島の母ちゃん、父ちゃんたちと共に、狭い石段を昇ったり降りたり、練り歩いた。

デモの後、漁協前広場での集会では、青森県六ヶ所村の若松ユミさん、福岡の伊藤ルイさん、新潟県巻町の大原八重子さんらが連帯のあいさつ。沖縄新石垣空港建設に反対する白保の山里節子さんが蛇皮線《じゃびせん》で唄い、『原発反対！　エーネー・ナラヌ（絶対反対）！』のシュプレヒコールで盛り上げた。

八月九日、広島市立婦人教育会館で開いた『8・9女たちの集い』には、祝島ツアーから引き続き参加した女たちも含め、約二〇〇人が集まった。デルタ女の会の浜村匡子さんのあいさつに続き、若松ユミさんが、一軒一軒を訪ねて反核燃を訴えている話。一一時四五分、長崎の原爆投下時間に黙とうをささげ、続いて、山里節子さん、被爆者の室田秀子さんが話した。午後からは九つのグループに分かれての分科会」（一九八七年九月号）。

意見広告

新聞に意見広告を載せることも、各地で行なわれている。一九八七年十月二十六日の「反原子力の日」に、北海道では「いらないっしょ！原子力発電」の広告が載った。意見広告事務局の末廣久美子さんの報告。

「北海道で初めての泊原発建設、幌延高レベル放射性廃棄物施設計画、下北半島『核燃料サイクル基地』化計画に反対する意見広告を、十月二十六日付の各紙全道版に掲載することができました。賛同金は、全道はもとより、全国各地から寄せられ、十一月二日現在で四七三万円に達しました。

広告を出すまでの過程を大切に、という想いで進められたこの取り組み、いろいろな方々の協力のもと、学習会、バザーなど多彩な催しを通して広く市民にアピールする試みがなされました」（一九八七年十一月号）。

泊で「夏の反核祭」

北海道電力泊原発1号機への核燃料搬入を一年後に控えて一九八七年「八月一日、二日の両日、原発建設工事が真っ最中の北海道泊村に、道内はもとより、遠く九州からの参加者もふくめて約二〇〇人が集まった。『泊原発に火を入れるな87真夏の反核祭』である」と、岩内原発問題研究会の佐藤英行さんが報告する。

「思えばここ、堀株《ほりかっぷ》の海水浴場は、五年前、反核反原発全道住民会議が結成されて第一回目の反核反原発の集会が開かれたところだ。

反核祭の一日目は写真家の樋口健二さんの講演。二日目は泊原発を安らかに眠らせようとの『お葬式デモ』だ。こうしたユニークな行動を企画したのは、地域の生活にどっぷりつかり過ぎた私なんかではなく、旧来の考えでは『地元』とは言えない人たち。しかし、どこに暮らしていても、そこがすなわち原発の地元であることを、チェルノブイリ原発の事故は教えてくれた。

『お葬式デモ』で泊原発に原子の火を入れさせることなく廃炉に追いこむには、あらゆる地域での『地元』の、特に都会という地元の、力が大きいのではないだろうか」（一九八七年九月号）。

一九八八年　伊方行動と二万人集会

食卓に上がった死の灰

ヨーロッパ各国では、反原発・脱原発への強い思いが大きなデモやさまざまな行動に噴出していた。日本でも、もちろん多くの人が脱原発に動き出すのだが、大きく膨れ上がるのは二年近く経ってからだ。きっかけのひとつは、事故によって汚染された食品が日本に輸入され、暫定基準を超える放射性セシウムが検出されて送り返されるという報道が相次ぐようになったことである。

最初は一九八七年一月九日、トルコから輸入されたヘーゼルナッツだった。以後、放射能が検出されて積み戻された食品の件数は、八七年中に一三件を数える。比例して反原発・脱原発の集会などへの参加者も増えた（反原発と脱原発の定義づけについては、緑風出版刊の拙著『私の反原発切抜帖』で粗い考察をしたこともあるが、本書では、「脱原発」の登場がチェルノブイリ後だということ以外には特に区別せずに用いている）。

伊方原発出力調整試験

チェルノブイリ原発事故から二年経った一九八八年に、脱原発が膨れ上がったもうひとつのきっかけは、四国電力の伊方原発2号機で行なわれた出力調整試験だ。出力調整とは、電力の需

四国電力本社前での座り込み。1988年2月12日。

要に合わせて発電出力を上下させることである。そのためにテストが必要になるのは、これまで原発というものはフル出力運転を基本としてきたからだ。原発で出力を上下させることは、燃料の健全性を危うくし、また、機器全体の信頼性をそこなうおそれがある。そこで電力会社は、原発はなるべくフル出力での運転をつづけ、電力の需要に合わせた調整は、水力や火力の発電所で行なってきた。伊方2号機で行なわれたのは、需要の小さい夜間の出力を抑制する試験である。

これに反対して一九八八年二月十一日〜十二日、「原発サラバ記念日全国の集い」として、高松市の中央公園での集会の後、四国電力本社前に三〇〇〇人を超える人たちが集まる。中心になったのは「ニューウエーブ」と呼ばれた、それまでの反原発運動とは無縁の、伊方原発の対岸となる大分県別府市の小原良子さんたち。試験の計画を聞き知った小原さんたちが中止を求める署名の用紙を全国の反原発グループなどに送ったが、既成組織の反応は鈍かったという。小原さんは言う。

「子供をもつお母さんたちから熱い反応がありました。力も組織もない母親たちが共感してくれ、男性、特に、何らかの運動に係わっている人の反応は冷たく、〝チェルノブイリの前夜というのは大げさだ〟とか、〝チェルノブイリの実験と違う〟とかいわれました。

そして、『誰の許可を受けて署名を始めた』とか、『私を通して連絡してくれ』とか、『こうしたらよい』とかの指図が多く、本気で実験を止めることを考えているとは思えない反応が多かったように思われます。本気で実験を止めようと考えている私には、このような反応は、いくら口で反原発を唱えていようと、原発推進派としか思えませんでした。

そこで、熱くない人はパスし、熱い人たちに訴えました」(一九八八年三月号)。

この主張には翌月、「異議あり」とする意見も掲載されたが、ともあれ署名はグループに属さない個人から個人へ、それこそ連鎖反応のように署名は広がり、遅ればせながら既成組織も動いて、六〇万筆以上になった。

結果として二月十二日に試験は強行されたものの、当初三日間と言われていた日程が一日のみ、一時間で上げ下げはせず三時間での上げ下げだけだった。

伊方行動が、食品汚染などを契機に脱原発の気持ちを強めた多くの人たちに行動の具体的な目標を与えたことは確かだろう。多くの人たちが目標を待っていたと言った方がよいのかもしれない。試験の縮小を「成果」と呼ぶより、多くの人たちが動き出したこと自体が成果なのだと思う。

日比谷公園「小音楽堂」では反原発フェスティバル。1988年4月24日。

原発とめよう二万人行動

そうした動きが、四月二十三日〜二十四日に東京で開かれた「チェルノブイリから二年、いま全国から　原発とめよう一万人行動」につながる。「一万人行動が、二万人行動になった」と反原発全国集会八八実行委員会事務局の佐伯昌和さん。

「四月二十三日から二十四日、東京で開かれた『チェルノブイリから二年、いま全国から　原発を止めよう一万人行動』は、予想を上回る全国津々浦々の人びとの参加で、最後の銀座パレードの出発の際には、横断幕の『一万人行動』の文字が『二万人』に書き直されるに至ったのである。

行動は、二十三日午前中の省庁交渉からスタートした。午後の分散会は、各会場とも超満員で、合わせて約三〇〇〇人の参加者があった。関連企画も、いずれも活況を呈し、さまざまに行なわれた交流会も賑やかだった。

翌二十四日は好天に恵まれ、開会の時刻よりずっと早くから、参加者が日比谷公園につめかけた。午前一一時、公会堂での集会、小音楽堂でのフェスティバルが予定通り同時に開会。両会場をつなぐ噴水前広場やにれのき広場にも、各地からの参加者が持ってきた横断幕が張られ、段ボール製の黄色いドラム缶に身を包む人、全面マスクに原発労働者の作業衣装の人など、思い思いの服装の人びとがあふれた。ロックの演奏や踊り、河内音頭や『じゃりんこチエ』の寸劇などが、各所で自由にくりひろげられた。

公会堂では、下北の老人に扮した松橋勇蔵さんと須藤舞弓さんの司会で、舞台一面にしつらえた日本地図をつかって凝った集会進行。参加者は、一時半の時点で二万人を超え、その人びとの熱気で『いまこそ、すべての原発をとめよう』という集会アピールを、両会場で採択した。さらに、『脱原発法（仮称）』の制定運動に向けた提起が、これも両会場でなされた。

銀座パレードは、先頭が出発してから最後の人が出発するまで二時間。日比谷公園から東京電力本社前、そして外堀通りを数寄屋橋、東京駅前から常盤橋公園まで、約三kmのパレードでは、親子づれや若者の姿が目立った。この日は、東京での行動に呼応して、岡山や高知、大分や奄美など各地での行動も行なわれたが、どこでも多くの、さまざまな顔ぶれの人が集まった。この日を前に、各地で開かれた行動また然りである」（一九八八年五月号）。

二十三日の分散会は一〇会場で行なわれ、そのうち八会場分を反原発運動全国連絡会編で『脱原発へ歩みだす』（七つ森書館刊）としてまとめた。三十年後のいま読んでも多くの示唆が得られるものと自負している。

泊を止める

小原さんたちは、次の目標として泊原発1号機の運転入りを止める（「泊を止める」）ことを掲げた。もちろん北海道では、それ以前からさまざまな行動が取り組まれている。一九八八年七月六日には全道労協の森尾昇議長、生活クラブ生協の杉山さかえ理事長らを代表とする「泊原発凍結！道民の会」が結成され、運転入りの可否を問う道民投票条例の直接請求運動が始まった。

七月二十一日、北海道に初めての核燃料が上陸した日には、専用港で、発電所ゲート前で、阻止・抗議の行動が行なわれた。それに先立ち、十八日には茨城県東海村の三菱原子燃料工場前での搬出抗議ピケ、札幌の北海道電力本店（電力会社は「本社」ではなく「本店」としている。本書ではあえて統一せず「本社」としているところもある）前で二十日からの徹夜抗議もあった。地道に取り組まれてきた行動を、反核・反原発全道住民会議の大和説子さんが伝えている。

「泊原発をとめる決定打というものが今、私たちの手にあるわけではない。どのように小さな動きであっても、たくさんの試みを積み重ね、それらを連動させるようにして、どうやらうねらしき力を生みだしてきたと思う。とりわけ今年に入ってからの都市部での運動の広がりは、長年一〇人そこそこで頑張ってきた泊村・岩内町の運動に自信を与える大きな要因にもなっている。防災計画をめぐる踏んばりは、岩内町で六月末からの短期間のうちに三〇〇〇人以上の署名が集まったことにあらわれているように、原発反対の意思をはっきり目に見える形で掘り起こす結果につながった。

核燃料搬入に焦点をあてた行動も必ず試運転阻止に結びつけようと、そして何より、いても立ってもいられない思いに駆りたてられて、反核・反原発全道住民会議などの市民・住民運動のメンバーは、前日からキャンプして海を監視、海上保安庁の巡視船らしき赤いライトの動きを睨んだ。夜明けとともにゴムボートとビニールボート計八隻一三人が、原発専用港の防護堤沖を目指して堀株の浜を出る。

巡視船が次から次へと登場して、ボートの進路を妨害する。巡視船がたてる横波や潮の流れによって、ボートは次第に離ればなれになり、三隻が専用港の中に突入。核燃料を積んだ輸送船の能登丸が入港する予定の六時前、港内の三隻六人は〝保護〟され、巡視船に引き上げられた。私が乗ったゴムボートは、ちょうど能登丸の航路のまっただ中にいたため、六時五分前に巡視船につかまって沖に曳航され、すさまじい排気ガスの中で、多数の巡視船に守られて入港する能登丸を見るはめになってしまった。浜に戻ると、全道労協主催の集会の声が聞こえてきた。

札幌地区労が呼びかけたデモに加わってゲート前までくると、ゲート横の浜から中に入り込んだ数十人が、崖の上で抗議の最中だった。下で見守る人びとも、次々とロープを伝って崖上に登っていく。機動隊が崖の上の人たちを押してくるという暴挙に出たとき、北電側はケガ人が出ないかとハラハラし、私たちは自主的に退去した」(一九八八年八月号)。

八月十二日からは、「泊原発の凍結をめざす千人行動委員会」が道知事に面会を求めて交渉開始。「風下の会」の栃内さんの報告。

泊原発ゲートの岸壁で核燃料搬入に抗議。1988年7月21日。

「十三日夜、『八月末に三人と三〇分』との会見の条件を示されるが、知事に直談判するまで退くわけにはいかないと、主に女の人たちが主張。知事室での泊り込みが十六日朝の強制排除まで続く。この日午後、風下の会では、運転凍結を求める署名の二次集約分（二二万人分）をみこしでかつぎ込み、抗議を続けていた千人行動委の一部と合流、道庁前庭にテントを張って知事を待つ。十八日、右翼とのトラブルを避けて一時道庁前から離れた間にテントを撤去した道庁側は、ほとんどすべての門を閉ざしてしまった。

二十日、大分県別府市の『グループ原発なしで暮らしたい』の呼びかけによる〝トマリ記念日〟の行動が、道庁前でスタート。二十二日から二十四日までは、北電本社で。休みない歌、たいこ、踊りで北電社長に対する抗議と呼びかけが一〇〇〇人余の人びとによってエネルギッシュに続けられ、近くの歩道橋は階段まで見物する人で埋められた」（一九八八年九月号）。

同月三十一日には、運転差し止めを提訴。原告団事務局の星野高志さんが報告する。

「『中庭での集会は禁止されています』――裁判所管理職の警告をかき消しながら、八月三十一日。『泊原発差し止めを求める原告団集会』が札幌地裁で開かれた。『集会を開いたことが初めてなら、腕章をしたままの提訴も初めて。敷地内でのマスコミ取材も札幌地裁はじまって以来のことだ。私たちはこうして、司法のベールを一枚一枚はがしていく』という司会の発言に、地裁中庭を埋めつくした参加者は大きな拍手を送る」（同右号）。

試運転入りは、十月十七日に強行されてしまった。しかし「まだまだ負けてはいない」と、岩内原発問題研究会の佐藤英行さん。

「二十三日、『泊を止める！道民集会』が札幌で開かれ、一〇〇〇名が参加。岩内からはバスを借り切って駆け付けた。二十四日には、原発の風下に隣接する共和町で『泊原発凍結を求める緊急きょうわ町民大会』が二〇〇名の参加で開かれた。うち農業者が半数以上を占め、女性の参加も多かった。共和町では、今春から共和地区労が中心となって学習会をつづけ、今回はじめて、農業者、労働者、女性と幅広い参加での町民集会となったものだ。集会では『自らの生命、生活、貴重な産業である農業を守るため、私たちは「原発なしで生きる権利」に基づき泊原発の凍結を強く求める』と決議し、同時に『泊原発凍結を求めるきょうわ町民の会』の結成を確認した。二十六日の反原子力の日には、岩内町の中央小学校の体育館で、広瀬隆さんの講演会を開催した。

岩内と共和とでつくられた実行委員会は、町議会での防災計画の審議、防災訓練、試運転入りと、めまぐるしい反対行動のなかで、ほとんど準備期間がなかったが、当日は六五〇名の参加者がつめかけた」（一九八八年十一月号）。

十二月三日、泊原発の運転の可否についての道民投票条例の請求を、北海道議会が否決。反核・反原発全道住民会議の大嶋薫さんが報告している。

「選管への提出時で一〇三万人、審査を終えた後でも八九万人に達した道民の声を結集して十一月十四日、本請求が行なわれた泊原発の運転の可否を問う『道民投票条例』制定の直接請求。しかし十二月一日から開かれた条例審議のための北海道議会の特別議会は、青年・婦人層の強い突き上げで公明党が方針を変更したものの、自民・民生クラブ（民社系）の反対、社会・公明・共産の賛成で三日夜、五四対五二で請求を否決した。

条例は否決された。しかし、これで終わりではなく、泊ストップのための大事な通過点であり、新しいステップである」（一九八八年十二月号）。

和歌山で脱原発が前進

和歌山県日高町の比井崎漁協が一九八八年三月三十日に開いた臨時総会で、関西電力日高原発計画のための海上調査受け入れ案を拒否した。「総会を終えて飛び出してきた原発反対の漁民を、大きな拍手が迎える。互いに駆け寄り『ご苦労さま』『ありがとう』。言葉にならなくなって、ただただ手を握りしめあう人びとがいる」と、和歌山県原発反対住民連絡協議会の藤原慎一郎さん。

海上調査受け入れ案拒否に喜びの声。1988年3月30日。

「総会は、『調査と建設は別。調査受け入れを』とする推進派と、『調査と建設は一体。建設を前提にしないで六億七〇〇〇万円もの協力金を出すか。調査受け入れは廃案に』とする反対派が、まっこうから対決。審議を打ち切り強行採決を図ろうとする議長と理事会に対し、これを阻止せんとする反対派漁民のたたかいがくりひろげられた。

午後四時一五分、反対派漁民の団結の前に、とうとう組合長が『事前調査受け入れ問題を廃案とし、理事会は総辞職』と宣言。総会は終わった。

総会を前に情勢が緊迫するなか、原発ノーを求める住民の運動は急速に広がった。昨年四月に結成された『紀伊半島に原発はいらない女たちの会』の活躍。『日高町の農業を守る会』『原発ができたら有田におれんジの会』『やめよら原発、NO核、熊野の会』など数多くのグループの誕生。三月二十七日には『日高に原発いらなよ！春のつどい』に五〇〇人が参加し、この日から総会当日ま

日置川町長選に勝利。1988年7月3日。

で、女性を中心とした座り込みがつづけられた」(一九八八年四月号)。

さらに七月三日、「日置川町民は原発反対を選んだ」と、日置川町の西尾智朗さんが報告する。

「和歌山県日置川町の町長、町議選は、私たち日置川町原発反対協議会が擁立する新人の三倉重夫氏が、原発推進の現職で再選をめざした宮本貞吉氏に三八〇票の大差をつけ初陣を飾り、町議選も原発反対派七人が全員当選し、議会勢力の差を縮めました(反対七、賛成九)。賛成派議員の中にも住民の審判の結果によって原発問題について慎重にならざるを得ない議員も含まれており、今後注目されるところです」(一九八八年七月号)。

一九八九年 「脱原発法」を求めて

脱原発法署名出初め式

二万人集会で提起された脱原発法の制定を求め

る国会請願署名は、準備期間を経て一九八九年一月二十二日に全国各地でスタートした。東京での「署名出初め式」を、「『ちょっとまって』原発の会」の井上朱美さんが報告する。

「まずは渋谷の宮下公園で元気な『出初め式』。その後、およそ五〇〇人のパレードが、賑やかな日曜の街に繰り広げられました。一方、渋谷駅頭では、〝みんなでつくろう脱原発法〟と書かれた色とりどりの旗がたなびき、昼頃から署名活動を開始。何人もの人が、署名するだけでなく、用紙を五枚、一〇枚と持ち帰ってくれます。語りながら、踊りながら、メッセージ付きの花束を手渡しながら、三時間ほどで一四〇〇〇人の名前がつらなりました」(一九八九年二月号)。

九月十六日、十七日には大阪で、「とめよう原発・つくろう脱原発法　全国行動」が、同行動関西実行委員会と脱原発法全国ネットワークの共催で開かれ、約三〇〇〇人が参加した。十六日には全体集会と御堂筋パレード、十七日には「法案討論」「エネルギー」「政党と市民の交流」というテーマ別の分科会。その一つ、法案討論の分科会について、弁護士の鬼束忠則さんが報告する。

「法案徹底討論の分科会では、法律プロジェクトが用意した三つの案を基に議論が交わされました。国の権限よりももっと自治体や住民の権限を強化すべきだ、データなどの公開を明記すべきだ、事故時の対策や補償を考える必要がある、廃棄物という負の遺産を誰がどのようにして背負っていかなければならないのか――などの指摘がありました。いつ原発を廃止すべきかという問題についても、即時廃止と一定期間後の廃止のそれぞれの案について、その利点難点が多様な方向から論じられ、法案を自分たちでつくるという参加者の熱い思いが伝わってきました」(一九八九年十月号)。

福島第二原発3号機事故

東京電力福島第二原発3号機で一九八九年一月に起きた再循環ポンプ水中軸受けの大破損事故は、経済性を優先する運転管理が生み出した事故である。

最初の発表は、きわめて簡単なものだった。一月六日午前四時二〇分、二台ある再循環ポンプの一台で異常な振動があり、定格出力一一〇万kWの九〇パーセントである九九万kWで運転中だった出力を七五万kWまで下げて安定させた。その後、翌日の七日が定期検査入りの計画日だったので、徐々に出力を下げて七日午前六時には原子炉を停止、定期検査に入った

脱原発法署名運動「出初め式」。1989年1月22日。

というのである。それから一ヵ月近くも経った二月三日、検査結果の発表が行なわれた。再循環ポンプ水中軸受けの一部が脱落、破損があったことが、ようやく明らかにされる。

再循環ポンプとは、沸騰水型原発の原子炉内から冷却水をいったん取り出し、圧力をかけて勢いよく炉内に戻すためのポンプである。そうすることで冷却水を強制的に循環させ、沸騰によってできる泡をかき混ぜている。泡のあるところでは中性子のスピードを落とすことができず、中性子をウランの原子核に吸収させて核分裂させるのが難しい。そこで、泡のあるところとないところで核反応に違いが出るのを冷却水の再循環で安定させている。また、冷却水の流量を増やして泡をつぶすと出力が上がり、流量を減らすと下がるので、出力を制御し調整する役割も果たす重要な機器である。

そのポンプで、回転軸の位置がずれないように周囲を支えているのが水中軸受けだが、軸受けについている整流板の溶接部が外れ、重さ一〇〇キロに及ぶ整流板が落ちて羽根車にぶつかり、一部を破壊した。二キロ以上の破損部が原子炉に向かって流され、配管の中で見つかった。脱落した軸受けの固定ボルト五本と座金三個は、原子炉に冷却水を噴き込むジェットポンプにひっかかっているのが発見された。

座金二個は行方不明とされたが、後になってその一部と推測される金属片がポンプ内で見つかった。さらに、多数の金属片や摩耗粉が、燃料集合体をふくむ原子炉内の各所から見つかる。座金の破片どころではなく、軸受けの各部に無数の破損があったのを隠していたのだ。

そして実は、一月一日にも再循環ポンプが振動していたことが判明した、と「脱原発福島ネッ

珠洲市役所に泊まり込んだ市民。1989年5月。

トワーク」の工藤昇さん。

「二月十七日、脱原発福島ネットワークのメンバーは、東京電力の福島第二原発を訪れ、三号炉の事故に関する交渉を行なった。席上、一月一日にもポンプ振動があり、警報が鳴ったことを認めさせたことは、沸騰水型炉をもつ各地の方々との情報交換にもとづいて東電を追及した私たちの運動の成果である。東電は後日、自民党県議団との質疑で、『あの段階で止めていればこれほどの損傷とはならず、反省している』と述べざるをえなかったようだ」（一九八九年三月号）。

珠洲市役所泊まり込み

珠洲原発計画は、関西電力と中部電力がそれぞれ候補地を持ち、地元の北陸電力が協力する三電力共同立地という特異な計画である。一九八九年五月、関西電力の候補地である石川県珠洲市高屋地区での事前調査の動きと、大きな抗議の動きがあった。

「以前の状況を知る者にとっては信じられないことが、いま、日々起こっています」と金沢市民センターの林秀樹さんは言う。

「四月十六日の市長選で反原発候補者二人の票が現職市長の票を上回ったのを機に、市民が堂々と反原発の声を出し始めたのです。林市長は、選挙結果を踏まえ、原発については市民とよく話し合うと、何回も言ってきました。しかし。その裏で、関西電力の事前調査にゴー・サインを出していました。五月十一日の昼に『原発止《や》めよう！　珠洲市民の会』からの事前調査中止の要請に対応した関電は、今後も話し合うといいながらその日の夕方、翌十二日朝八時より調査を行なうと発表しました。

十二日朝、調査予定地の高屋地区には、市民の会と、富来《とぎ》、七尾、富山、金沢などから五〇名が駆けつけ、阻止行動で調査を中断させました。この日以来、阻止・監視行動は毎日、続けられています。そして今では、事態を知った珠洲市民があちこちから加わり、日によっては一〇〇人ほどにまでふくれ上がっています。

高屋地区では、これまでに七人の地権者が、調査承諾書を撤回し、阻止行動に加わりました。五月十九日には、蛸島《たこじま》地区のおばあちゃんたちが、市長と話したいと市役所に行き、そのまま待ち続けるということが起こりました。それを聞いて、続々と市民が集まり、一〇〇人にもなりました。深夜の二時半に機動隊導入。この日は全員帰宅し、翌朝再び蛸島のおばあちゃんたちを中心に五〇人が市役所に行きました。

市長が、ついに出てきました。市長の動揺が感じられました。しかし、関電の調査に市は何も言えない、と無責任にくり返すのみで一時間で退席。夕方まで待って、二十二日の午後に前向きの回答をする、との約束を得ましたが、その二十二日、市役所内に三〇〇名、また、市役所の前にも二〇〇名あまりの市民がつめかけたなかで、市長が読み上げた回答は、調査中止・白紙撤回はできません、というものでした。怒号がわき起こり、おばあちゃんたちは涙を浮かべ抗議。原発ができたら郷里を捨てます、と高校生が泣きながら訴えました。市長はもう一度、県・関電と話し合ってみる、との言葉を残して退席。この日から市長は市民の前に姿を見せず、二十五日になって、入院したことが発表されました。

市役所内には、市長が回答するまで帰れないと、二十二日以来、毎日二〇〜一〇〇人が泊まり込んでいます。珠洲市はじまって以来の事態です。このかん蛸島漁協や珠洲市の鮮魚介販売業組合などが反原発決議を市に提出し、地酒宗玄も会社ぐるみで反対、また、病院が反対と、各界から反対の声が上がっています」（一九八九年六月号）。

けっきょく六月十六日、関西電力が「当面の間見合わせる」と発表し、一段落となった。

一九九〇年　脱原発法署名第一次提出

二五〇万人分を提出するも

一九九〇年四月二十七日、脱原発法の制定を求める請願署名二五一万八一一八人分が衆参両院議長あてに提出された。

紹介議員が増えたことによる追加提出分をふくめて衆議院の科学技術員会、参議院の科学技術特別委員会に付託されたが、衆議院では六月二十二日、参議院では二十五日の委員会最終日に継続審議とはならず、「審議未了」で事実上の不採択となった。

福島第二原発3号機運転再開強行

福島第二原発での再循環ポンプ事故で炉心などに流入した金属片・金属粉の回収も十分に行なわれないままに、運転再開に向けた動きが始まる。一九九〇年二月二十二日には資源エネルギー庁が、四月十七日には東京電力が、事故原因と対策に関する「最終報告」を発表。事故直後から独自の調査を行ない、東京電力との交渉を重ねていた市民グループは、同電力との公開討論会や株主総会の場で追及。その成果は、福島県富岡町・楢葉《ならは》町両町へのビラ入れ、話し込みによって直接、地元住民に伝えられた。六月十日の東京での公開討論の様子を「はいろプロ」の岡村ひさ子さんが報告している。

「両国公会堂の七九〇席には一〇〇人を超す報道陣が押しかけ、実行委員会が招待した福島第二原発の地元町議四〇名ほども参加。東電社員、関連企業の社員もふくめて満席。

事故原因はポンプの軸受けリングの溶接不良のみにあると主張する東電は、市民側の挙げた問題点に答えないか硬直した答えぶり。〔ポンプを包んでいる〕傷ついたケーシングは外側の傷さえ削れば内部の調査なしに再利用できるとの東電の見解には驚きの声がもれた」(一九九〇年七月

東京電力と市民グループの公開討論。1990年6月10日、両国公会堂。

号)。

一週間後の六月十八日には、脱原発福島ネットワークが福島第二原発3号炉の廃炉を求める一万六〇一五筆の署名を福島県知事、東京電力社長、通商産業大臣に提出した。

七月五日に資源エネルギー庁は、運転再開へのゴー・サインとして、健全性評価結果なる報告書を発表し、原子力安全委員会は十月四日、これを追認する。運転再開の是非を問う住民投票の条例制定を、福島県富岡・楢葉両町議会が否決したため、両町では自主住民投票が実施された。富岡町の花房芳江さんが報告。

「当初心配されていた費用も、全国から寄せられた二五〇万円を超える支援金により支えられました。十月十七日にハガキを全有権者へ送付。しかし二十二日、富岡・楢葉両町議会は、開票を待たず、全員協議会という議事録にも残らないところで、町長一任という形で再開への同意を示しました。住民はもうあきらめてしまって、ハガキを投函しないかもしれない——と不安もありましたが、その審判は、過半数をこえる住民が答えて下さいました。

十一月五日〆切りの最終結果は、次の通りです。投票総数＝一万五六票（投票率五八・二％）。うち、運転再開に同意するもの＝四二五六票（四二・三％）、同意しないもの＝五七三八票（五七・一％）、どちらでもないもの＝六二票（〇・六％）。コメントを付したもの＝二〇四九票」（一九九〇年十一月号）。

しかし十一月五日、東京電力はとうとう再開を強行した。

高浜2号機蒸気発生器細管損傷

高浜原発2号機は、蒸気発生器の伝熱細管約一万本のうち半数に損傷が見つかっているという〝ボロボロ蒸気発生器〟を持つ原発。栓をして使えなくしている細管の率は、前年の定期検査が終わった時点で一七・一％に達していた。

同機について国が認めた許容施栓率は一八％で、それ自体、設置許可時の九％から、損傷が増えるたびに引き上げられてきたもの。

これをさらに二五％にする許可申請が出されたのに対し、許可しないようにとの緊急署名が、年頭から始められた。

一九九〇年四月十日に、約一〇万筆の署名を携えて、「通商産業省、原子力安全委員会に直談

高レベル廃棄物はいらないと訴える高校生。1990年11月3日。

判」と、「原子力発電に反対する福井県民会議」の小木曽美和子さんが報告している。

「安全委は、事務局の科学技術庁原子力安全局から林次長と鈴木安全調査室長が応対。『現行の安全解析基準で審査する』などと答えた。通産省は倉重運転管理課長ら六人が対応。『損傷原因はすでに解明できている』、『変更申請はこれまでと同様、淡々と処理する』などのふてくされた態度に、住民側は、『二〇万人の署名を紙切れと考えないで』『一人ひとりの思いをわかって』と口々に訴えた」（一九九〇年五月号）。

　許可は九月十七日に出されてしまったが、十一月十五日、十二月十四日と、関西や福井の住民・市民グループが通商産業大臣に異議を申し立てた。

高レベル廃棄物持ち込み拒否の動き

　高レベル廃棄物の処分場が立地されるのでは、と警戒を強める岡山県では六月から拒否条例直接請求の署名活動が始まり、十月十八日に本請求。十一月五日の県議会で否決された。反原発新聞岡山支局の今泉さんが怒る。

「『三四万の県民の声を無視するのか！』——十一月五日、岡山県議会での『高レベル放射性廃棄物等の持ち込み拒否条例案』否決に対して、怒りの声が議場内に鳴り響いた。

この日朝早くから、議会正門前では駆けつけた主婦ら、県条例を求める会の会員が議員を待ち受けて、『お願いします』『ガンバって』と、一人ひとりの議員に声をかけた。

長野士郎県知事から『条例制定には同意できない』という意見書の提案説明があり、総務委員会にはかられる。委員会は、条例案を賛成少数で否決。県議会再開。各会派の討論を受けた採決では、社会、公明、県民クラブ、共産が賛成、自民、民社が反対し、一五対二八で条例案は否決された。県条例を求める会は、県庁前で集会を開き、〝運動の新たなスタートに向けて〟のアピール。

この日を前にした十一月三日には、全国各地からの参加で五〇〇〇人集会が開かれ、核のゴミを拒否することを訴えた」（一九九〇年十一月号）。

岡山と同様に高レベル放射性廃棄物の持ち込みを懸念する北海道では七月二十日、道議会が「貯蔵工学センター」反対を決議した。

反核・反原発全道住民会議の大嶋薫さんが「この勝利をステップとして、泊原発の廃炉への闘いをさらに確実なものとしていきたい」（一九九〇年八月号）と決意を述べた。

泊原発では四月十六日、２号機用の核燃料の初搬入が強行されていた。大嶋さんはそれを「幌延高レベル施設の計画の白紙撤回をめざして再び盛り上がろうとする反原発のうねりに対するあせりと敵意」（一九九〇年五月号）と見ていた。

反原発株主が初の全国連絡会

電力会社の株主になって、株主の権利を活用して電力会社の経営姿勢を追及していこうという運動が、各電力管内にある。

その全国連絡会が一九九〇年一月に初めて開かれた、と静岡県清水市のTさんが報告している。

「『反原発株主運動90全国連絡会』が一月十四日から十五日にかけて、愛知県名古屋市の『名古屋働く人の家』で開かれました。

はじめに、浜岡1号炉や福島第二3号炉などの原発事故の情報交換をしました。一日目の後半から二日目は、株の取得方法から総会までの質問や動議提案のノウハウ、さらに株主に公開される経営資料の読み方などを、平井孝治さんを講師にして学びました」。

一九九一年　脱原発法不成立

事実上不採択に

脱原発法の制定を求める請願署名の第二次提出は一九九一年四月二十六日に行なわれた。約七六万五〇〇〇人分で第一次と合わせて約三三〇万人分が衆参両院議長あてに提出された。残念ながら、これも期限内に審議されることなく事実上の不採択となる。

運動の中心だった原子力資料情報室の高木仁三郎さんが二〇〇〇年十月八日に亡くなり、十二月十日に「偲ぶ会」が開かれる。佐伯昌和さんが参加報告でこう述べた。

「私は脱原発法制定運動の敗北宣言をし、二一世紀のできるだけ早い時期に脱原発への産みの苦しみを味わおうと訴えました」（二〇〇一年一月号）。

美浜2号機蒸気発生器伝熱細管破断事故

一九九一年二月九日に起きた関西電力美浜原発2号機の蒸気発生器伝熱細管破断事故は、加圧水型軽水炉のアキレス腱と呼ばれる蒸気発生器の伝熱細管が真っ二つに「ギロチン破断」するという事故だった。日本で初めて緊急炉心冷却装置が作動し、しかも十分に機能しなかったという二重の意味で重大な事故である。蒸気発生器細管問題を追及してきた関西のグループは翌二月十日、さっそく関西電力の本社に対する抗議行動を行なう。反原発新聞大阪支局のSさんの報告だ。

「新聞広告まで出して『細管破断は起こらない』としてきた関電の主張が事故によって崩れたことを追及。日曜日のためシャッターをおろしたままの関電に、休み明けの十二日に説明会を開くことを渋々認めさせました。

十二日午後三時、説明会場に関電が用意した部屋に入りきれない二〇〇～三〇〇人が追及に駆けつけ、関電ホールに会場を変更させました。また、進行役を壇上にあがった運動側がつとめて、関電が一方的に説明することを拒否、質疑応答形式で①運転中の原発を止めること②生データを公表すること③謝罪広告を出すことなどを要求しました。翌朝、次回は責任者を出すことを約束させて追及を中断しました。

十九日午後六時から再開した説明会では、原子力企画部長が出席。原因が究明されるまでは再発防止策がないことを認めながら、運転中の原発を止めないという態度に、五〇〇人を超す出席者の怒りが集中。また、通産省などが指示した『監視の強化』が実行不可能であることも徹夜の追及によって明らかになりました」（一九九一年三月号）。

ところが通商産業省は、十一月二十五日には事故の最終報告書をまとめ、細管の振れを止める金具さえきちんと入っていれば破断は起こらなかったとして、幕引きを図る。

事故機の蒸気発生器については十二月二十日、関西電力が通産大臣に取り換えの申請を行なった。細管の損傷が著しい関西電力高浜原発2号機、同電力大飯原発1号機、九州電力玄海原発1号機については、一足早く七月二十五日に取り換えが申請されていた。

美浜原発2号機事故で特筆されるべきは、三月八日の京都府議会が「同型炉を停止し事故原因の徹底究明を」と求めた意見書を採択したほか、いくつもの市・町議会で同様の意見書が採択されたことだ。細管破断の危険ありとして前年から行なわれてきた運動の成果である。京都府内の状況を、反原発新聞京都支局の佐伯昌和さんが記している。

「三月議会では、京都府だけでなく、各市で国に安全対策を求める意見書の採択が相次いだ。京都市、長岡京市、向日《むこう》市、舞鶴市、宇治市、綾部市などである。

これらの動きの背景には、昨年の九月、十二月議会での、高浜2号炉などの安全対策を求めた請願行動がある。その結果、京都府、京都市、八幡市などで国への意見書が採択され、また、京都府、長岡京市、宇治市などでは担当の委員会の議員が、京都市では担当職員が、高浜2号炉の視察を行なった」(一九九一年四月号)。

六ヶ所へのウラン搬入阻止行動

一九九一年九月二十七日、青森県六ヶ所村のウラン濃縮工場に、最初の原料ウラン(天然六フッ化ウラン)が搬入された。東京湾大井埠頭からの輸送ルート沿線各地、そして工場ゲート前での抗議の中、強行されたものである。「女たちは歌いながら座りこんだ」と、六ヶ所村の菊川慶子さん。

「朝一〇時、核燃料サイクル施設の南口に着く。警備もまだととのっておらず、ゲートに車を横付けできた。雨は激しく降りつづいている。午後三時頃、正門前に集まっていた市民グループ、農業者、県労がかけつけてきた。『女たちのキャンプ』の街宣車がときどき輸送状況を知らせている。ウランがもうすぐ来る。私たちは心をこめて警官に歌いかけた。

いよいよ座り込みの前段階。合図の歌が流れて、私たちが花を道路に並べ始めると、市民グループ、農業者も花を運んで手伝いはじめた。輪になって手をつないだとき、人数は五〇人にも増えていた。そのまま歌いながら座りこんだが、だれも抜けていこうとしない。警告にも動ぜず、排除されるまでその場にとどまった。

花はたちまちかたづけられ、ゲートは警官に固められて近づけない。打合せどおりバラバラに

花を手にウラン搬入阻止行動に向かう。1991年9月27日。

道路を歩き出した。三人、五人と手をつなぎ、警官の制止をかわしながら車道をジグザグに歩いていくと、先導のパトカーが立ち往生していた。道路いっぱいに広がった人たちはいっせいに座りこむ。隣の人はダイインしている。私もおそるおそる仰向けになった。力を抜いていると、あっという間に歩道に運ばれてしまった」（一九九一年十月号）。

岡山に放射能のゴミはいらない

一九九一年三月十五日、岡山県湯原町（現・真庭市）で全国初の放射性物質持ち込み拒否条例が、町議会の全会一致で制定されることとなった。「岡山県内では、五年前から阿哲《あてつ》郡などで高レベル放射性廃棄物処分場の動きが発覚し、哲多町《てったちょう》や哲西町（共に現・新見市）では『放射性廃棄物の持ち込み拒否宣言』を決議していたが、条例というのは

上齋原村（現・鏡野町）への要請行動。1991年11月28日。

初めて」と、「旭川を放射能から守る会」の横山泉さんが喜びの報告。

「町条例は全五条からなり、放射能の影響から町民のいのちと生活を守るため、原子力発電所から生まれる放射性廃棄物の最終処分場・研究開発施設の建設、町内持ち込みを拒否する、としている」（一九九一年四月号）。

岡山県ではまた、動力炉・核燃料開発事業団の人形峠事業所（旧・上斎原村《かみさいばらそん》）で、使用済みの核燃料を再処理することで取り出される「回収ウラン」の転換・濃縮試験が一九九一年度からの五ヵ年計画で実施されようともしていた。回収ウランは、すでに約四〇トンが東海再処理工場からひそかに運び込まれていた。そのことを知った「放射能のゴミはいらない！県条例を求める会」は、反対運動を開始する。同会の広本悦子さんが報告している。

「『放射能のゴミはいらない！県条例を求める会』ではこの問題をひろく県民に訴えるとともに、人形峠を源流とする吉井川流域の自治体に『回収ウランを持ち込ませない決議』を要請し、また、動燃には試験中止を求めるキャラバンを、十一月二十八日に行ないました」（一九九一年十二月号）。

その結果、柵原町《やなはらちょう》（現・美咲町）議会が十二月二十日、全会一致で持ち込み拒否を決議している。

一九九二年　核燃料輸送情報秘密化

回収ウラン拒否

前述の回収ウラン拒否では一九九二年一月二十六日、「回収ウランもプルトニウムもいりません！一〇〇万人署名実行委員会」が結成され、二月一日から署名活動がスタートした。三月十三日には有漢町《うかんちょう》（現・高梁市）議会が持ち込み拒否の意見書を採択、九月二十八日には久米南《くめなん》町議会が拒否決議を採択した。

ウランと言えば、「旭化成が宮崎県日向市に建設したウラン濃縮研究所に反対し、国（科技庁長官）を被告として八二年六月から争われてきた反ウラン裁判闘争が二月二十一日、勝利のうちに終了した」と、弁護団の内藤隆さんの報告がある。

「裁判の終了は『訴えの取り下げ』という形式だが、これは旭化成が研究の継続を断念し、研究施設そのものが廃止されたことによるもので、原告＝住民の運動としても、実質的な完全勝利といえる。この勝利は、組織・未組織の労働者、市民、水産事業者など、文字通り地域住民が一体となり硬く結びついてきたことの成果である」（一九九二年三月号）。

串間原発計画浮上

一九九二年二月十七日付宮崎日々新聞が「九州電力、串間市に原発立地を打診」の大見出しを掲げた。「玄海、川内につづく九州電力〝第三の原発〟の候補地としては、これまでにも、大分県南部（蒲江《かまえ》町？）や宮崎県北部（延岡市周辺？）の名が挙がっており、九電では『九州全域で二五ヵ所を調査・検討中』としている。宮崎では『串間に原発をつくらないで！川内に原発を増設しないで！どこにも原発をつくらないで！』の署名運動が始まった」（一九九二年三月号）と、宮崎市の青木幸雄さん。

その川内の増設計画については、鹿児島県川内市（現・薩摩川内市）の川添房江さんが訴える。「川内原発反対連絡協議会が昨年十一月五日、川内市長と九州電力の川内原発所長に申し入れをし、3、4号炉の増設について質したのに対し、市長も原発側も『いまのところ計画はない』『白紙だ』と回答した。ところが、それから間もない今年二月十七日、市長選挙が終わった翌日に突然、3、4号炉の増設計画が発表された。

とにかく、これ以上の原発はもうごめんです。いまある原発も止めてほしい。私たちは、原発のない青空の下で農薬のかからないおにぎりを頬ばる、そんな自然な生活がほしいのです」（一九九二年三月号）。

志賀原発で自主避難訓練

自治労石川県本部と石川県評センターは一九九二年四月三十日、石川県に対して「能登原発防災計画への緊急提言」を提出するとともに、記者会見を行なって広く県民に公表した。十月には「自主避難訓練」を実施と、石川県評センターの多名賀《たなか》哲也さんが報告する。

「北陸電力・能登（志賀《しか》）原発の試運転入りが迫るなか、石川県評センターと自治労県本部は十月十日、『子どもたちの明日を考える志賀町父母の会』のよびかけに応えて、自主避難訓練を実施、志賀町の住民二〇〇名と支援要員六〇名が参加した。

各行動班すべてに、住民や組合が保有する放射線検知器三〇台も配置、使用された。自治体職員や住民を無防備に危険区域にさらす県の防災計画や訓練に対する〈事実での批判〉であり、住民の自主防災の力量を示すものである」（一九九二年十一月号）。

核物質輸送の情報隠し

科学技術庁は一九九二年四月十八日、核物質の輸送日時や経路などに関する情報を公開しないよう四二事業所に通達、関連二〇自治体に「協力」を要請した。まさに「この日が、一〇都県をつなぐ『もんじゅ燃料輸送反対！プルトニウムキャラバン』の出発の日となりました」と言うのは、キャラバン隊の松丸健二さん。

「出発地東海村を抱える茨城県にはまだ、科技庁の要請は届いていませんでしたが、最終日の三十日、福井県は、要請を受け入れるとの判断を示していました。

しかし、科技庁の要請から除外された自治体（要請は、施設所在自治体のみが対象）の多くは、私たちの申し入れと説明により、輸送容器の国の安全基準に疑問を呈したり、輸送事故に対する防災対策の強化を確約したり、国への不信感をあらわにし、キャラバンの成果はまずまず。また、今回のキャラバンによる要請をきっかけに、プルトニウムの勉強を始める自治体もありました。

二十一日には、もんじゅの配管へのナトリウム注入がはじまりました。プルトニウム燃料の輸送も近い、と実感されるキャラバンでした」（一九九二年五月号）。

五月二十八日には全国各地から五〇名余りの参加者が、一八四団体の連名により科学技術庁に通達・要請の撤回を申し入れた。その際、前出の青森県六ヶ所ウラン濃縮工場へのウラン搬入に対しての抗議行動を科技庁が「核ジャックの前兆現象」と言及したことに、核燃阻止一万人訴訟原告団の外崎能子《やすこ》さんが抗議している。

「私たちの何十倍もの警察官、機動隊員によって、私たちは暴力的に排除された。その最中に、突然、私の目の前で二人が、何をしたというのでもなしに逮捕されてしまった。

ということは、六ヶ所村で逮捕されたたった二人は、五〇〇人もの機動隊員らの中で六フッ化ウランのシリンダーを担ぎ出そうという魂胆だったと言うのか？」（一九九二年六月号）。

「八幡浜・原発から子供を守る女の会会員」の近藤亨子《じゅんこ》さんも怒る。

「核燃料輸送を秘密にせよと科学技術庁が言ってきた。その理由が、今まで一度も起きたことがない〝核ジャック〟の防止のためという。核を一番欲しいのは国で、わたしらはなんちゃ欲し

もんじゅ燃料輸送反対！プルトニウム街道キャラバン。1992年4月。

くもない。

知らない間に放射能を大量に浴びるかもしれないという恐怖を持って、いつも暮らしている私たちの気持ちもわかりもしないで、何が秘密だ。そんなに危険なものなら、はじめから運ばなければいい」（一九九二年七月号）。

さて、「もんじゅ」に向けたプルトニウム燃料の初輸送だ。「原子力発電に反対する福井県民会議／もんじゅ訴訟原告団」の小木曽美和子さんが報告する。

「茨城県東海村の動燃事業団東海事業所から福井県敦賀市に同事業団が建設中の高速増殖炉『もんじゅ』に至る一五時間、五三〇キロのプルトニウム燃料輸送は、公式には〝極秘〟、しかし事実上は衆人環視のもとに行なわれ、その実態が全国に公開された。

この〝極秘輸送作戦〟は、搬出から搬入までの全ルートにわたる沿線市民グループのネットワークで、シュプレヒコールと横断幕の抗議にさらされ、テレビで全国に放映されて『知らなかった』国民の新たな関心を高めた。科学技術庁の『情報非公開』通達は、もろくも崩れ、国民の厳しい監視の目が、結果的に輸送を無事に終わらせたのだ。とはいえ核物質の防護は強調されたものの、住民の安全は無防備にさらされた。その事実こそ、輸送の実態を通して明らかになったいちばん大切なことだろう。

茨城・福井両県への事前連絡はあったが、その他の通過自治体には連絡なし。情報は公安当局だけに秘匿されていた。福井県消防防災課が『科技庁に再三、輸送中の事故対策を聞いても、答えてくれない』とぼやくほどに、住民の防護はお手上げというほかない」(一九九二年八月号)。

一九九二年十二月八日、青森県六ヶ所村の廃棄物埋設施設に、東海第二原発から輸送されてきた「低レベル」放射性廃棄物のドラム缶が運び込まれた。青森県三沢市の伊藤和子さんの報告。

「この日は、核燃阻止農業者実行委員会の呼びかけで、県内外から二〇〇人がむつ小川原港前に集合し、抗議集会を開いた。午前九時、最初のトラックが一台、ゆっくりとゲートを出てくる。交差点の近くでは、警備のスキを縫って立ちふさがる人を数人の警官が素早く取り囲み、通路外へ押しだす。数ヵ所で揉み合いがあり、専用道へつづく交差点は一時騒然となった。

ここ数年、核燃の反対運動が下火になってきたと言われている。しかし、今日の集会の参加者も、この場にこられなかった人たちも、まだ誰もあきらめてはいないし、どうしたら止めることができるか、真剣に模索をしている。現にこの日の夜、上北町で開催されたプルトニウム問題の学習会にも、農業者をはじめ、労働組合員、市民が会場を埋めつくした」(一九九三年一月号)。

伊方・福島第二原発訴訟に最高裁判決

最高裁は一九九二年十月二十九日、伊方原発1号機と福島第二原発1号機の設置許可取り消し訴訟について、ともに上告を棄却した。「判決と言っても、法廷を開いて言い渡すでもなく、ミカン山に入って仕事をしているところにマスコミの人たちがやってきて、裁判に負けたことを知らされたのである」と、「伊方1号炉訴訟原告」の広野房一さん。

「私たちが松山地裁に訴えを起こしたのは、一九七三年。同地裁は七八年、請求を棄却、高松高裁に控訴したが、八四年に控訴棄却の判決となった。ただちに最高裁に上告。以後、八年近くの歳月、最高裁は何をしていたのか、私たちには不明の毎日であった。その間、弁護団と原告代表は、上京のうえ最高裁に赴き、そのつど審査の進捗状況をただしたが、明確な答は一度もなかった。そして突然の判決に至ったことは、非常に残念である。真面目に審理されていたならば、もう少し早く判決はなされたと思う。

長い歳月をかけながら、最高裁は、一審、二審の結果を一方的に追認したにすぎない。私たち住民にとっては、絶対に承服できない判決である」(一九九二年十一月号)。

一九九三年〜一九九九年　安全神話の崩壊

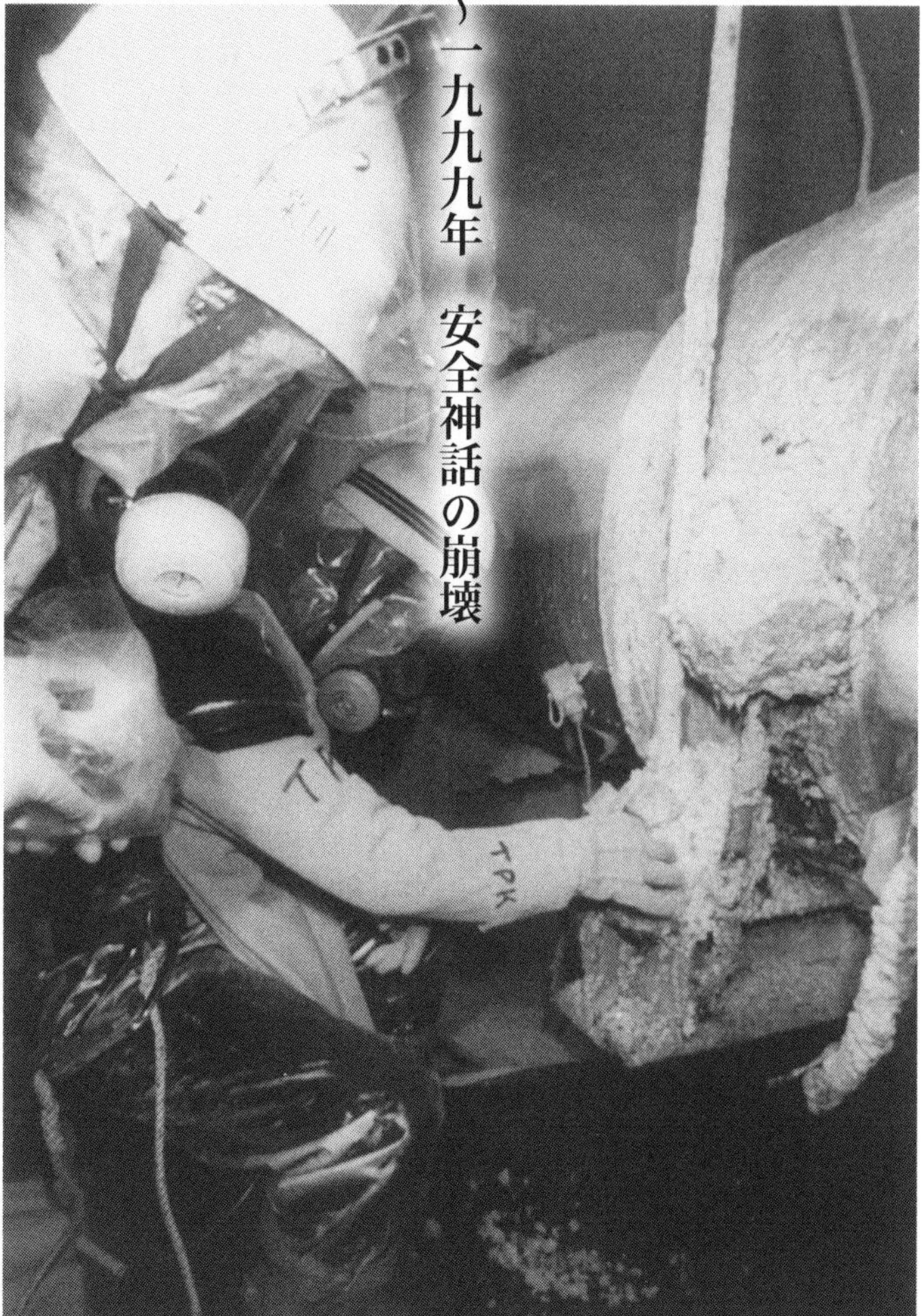

もんじゅナトリウム漏洩事故現場（毎日新聞社）

概要

一九九三年は、正月気分もそこそこに一月五日、プルトニウム輸送船「あかつき丸」の日本到着を迎えた。茨城県東海村の日本原子力発電の専用港に入った「あかつき丸」積載のプルトニウムは、五日から六日にかけて動力炉・核燃料開発事業団（動燃）の東海事業所にあるプルトニウム燃料製造施設に運び込まれた。

十二月二十一日には、「もんじゅ」に八回目のプルトニウム燃料の搬入があり、最小臨界に不可欠な燃料がようやく運び込まれたことになる。十月十三日から燃料の装荷を始めたものの、世界中の反対の声をよそに強行された海上輸送で到着したプルトニウムは、取り替え燃料の出番が遠のいて、そのまま眠っている。

原発の新増設の動きが活発化したのが翌一九九四年という年だった。そうした動きへの反撃は、以下の年ごとの記録を読まれたい。

そして一九九五年一月十七日の阪神・淡路大震災、十二月八日の「もんじゅ」事故、九七年三月十一日の東海再処理工場アスファルト固化施設事故、さらに九九年九月三十日のＪＣＯ臨界事故と、安全神話は完全に崩壊した。

一九九五年には、電力業界の側から原発計画の中止を申し入れるという前例のないできごとが、七月十一日に現実化していた。青森県大間《おおま》町に新型転換炉の実証炉の建設を計画していた電源開発に、電気事業連合会が見直しを申し入れた。民営電力の総意というわけだ。八月二十五日には、原子力委員会が計画中止を決定する。代わりに、将来は全炉心でプルサーマルを行なうフルMOXの大型沸騰水型炉（大間原発）を建設するとしたものの、プルトニウム利用計画は大きくつまずく。プルサーマルとは、軽水炉（普通の原発）でプルトニウム燃料を用いるもので、事故を起こしやすく、事故を止めにくく、事故が拡大しやすく、被害が大きくなる（西尾漠著『新・なぜ脱原発なのか』緑風出版）

電力業界は、当初から新型転換炉計画を「高い電気を買わされる」と嫌っていた。一九九五年四月十四日に三十年ぶりの電気事業法の大改正が成立したことを好機として、経済性を理由に見直しを求めたのである。十二月一日に施行された電気事業法の改正は特定地域での小売り自由化といった、ほんの端緒にすぎない第一歩としても、電気事業への競争原理の導入は、さまざまな形で影響を及ぼすことになる。一九九八年十二月十一日に報告書がまとめられた電気事業審議会基本政策審議会での電気事業自由化論議は、原発の非経済性と硬直性を白日の下にさらけ出した。

高レベル放射性廃棄物ガラス固化体の最終処分の地下研究施設である超深地層研究所を岐阜県瑞浪《みずなみ》市に建設する計画は、一九九五年八月二十一日に動力炉・核燃料開発事業団が発表、十二月二十八日、岐阜県、瑞浪市、隣接の土岐市と動燃の協定調印となった。

新潟県巻町で一九九六年八月四日、日本初の原発賛否の住民投票が実施された。旧来の「合意形成」の手法は、すでに破綻していた。原子力政策の見直しの下地は「もんじゅ」事故の前から出来上がっていたと言えよう。そこに「もんじゅ」事故が起きた。福井・福島・新潟三県の知事が内閣総理大臣に「今後の原子力政策の進め方についての提言」を行なったのは事故翌年の九六年一月二十三日。合意形成とは「国民の主張をどう政策に反映するか」だとして、合意形成に向けた努力の必要を「忠告」した（引用は、福井県幹部の言）。

一九九七年の年明け早々から、プルサーマル計画がにわかに動き出す。これも、背景には「もんじゅ」ナトリウム漏洩・火災事故によって高速増殖炉開発が頓挫したことがある。保有プルトニウムの増大に対する国際世論の批判をかわすには、プルトニウムの使いみちが必要というわけだ。そして、それ以上に切羽詰まっているのは、各原発に使用済み燃料がたまり続けていることである。これまた、プルトニウムの使いみち探しにつながる。使用済み燃料のごみ捨て場にされるのはごめんだという青森県に対し、ちゃんと再処理工場をつくりますという保証としてプルトニウムの使いみちを明らかにする必要があったのだ。

一月二十日には、通商産業大臣の諮問機関である総合エネルギー調査会の原子力部会が中間報告書をまとめて核燃料サイクル推進政策を再確認、プルサーマル計画の遂行を決める。同月三十一日には原子力委員会が、それを追認する委員会決定。さらに二月四日には閣議決定と続く。二月十四日、通商産業大臣と科学技術庁長官が、福島・新潟・福井の三県知事にプルサーマルへの協力を要請。さらに二十七日、首相が三県知事に協力を要請するダメ押しまで行なわれた。三月六日には東京電力が福島、新潟両県に、二十八日には関西電力が福井県に、それぞれ計画の説明を行なっている。

四月十一日、科学技術庁は、動燃改革検討委員会と動燃改革本部を設置。八月一日、動燃改革検討委員会が報告書を科学技術庁長官に提出する。業務をスリム化し新法人に衣替えすることで動燃の温存を図るものである。そうして八八年九月三十日、動力炉・核燃料開発事業団が解団を迎えた。代わって、十月一日に核燃料サイクル開発機構が発足している。

一九九三年　プルトニウム時代の幕開け

「あかつき丸」到着

一九九三年一月五日、プルトニウムを積んだ輸送船「あかつき丸」が、茨城県東海村の日本原子力発電の専用港に入った。プルトニウムは、五日から六日にかけて動力炉・核燃料開発事業団の東海事業所にあるプルトニウム燃料製造施設に運び込まれた。日本の原発の使用済み燃料をフランスに送り再処理を委託したことで取り出されたものである。

前年からの「監視キャンプ」の十一日間を、福島県郡山市の武藤類子さんが報告している。

「茨城県東海村豊岡海岸での『あかつき丸』監視キャンプは、十二月二十七日に七人でスタートしました。初日はテントを張ったり、トイレを掘ったりして忙しく過ごしていると瞬く間に日は傾き、寒さが身に染みてきました。

年が明けると参加者もしだいに増えてきて、本格的にアクションの準備をはじめました。寒さや体の不調や不便さのなかで旗を縫い、ペンキで文字を書き、楽器をつくり、凧をつくり、ちらしをまき、みんな力を合わせてよくやったなと思います。

一月五日は、夜明け前からたくさんのキャンプ参加者が港に近い砂浜まで歩き、私たちは、それまで準備してきたアクションに取り掛かりました。『あかつき丸』は夜明けとともに静かに入港してきました。一月六日、プルトニウムの最後の搬入を見届け、『あかつき丸』を見送り、キャンプを閉じました」（一九九三年二月号）。

輸送反対の声は各地で上げられ、動燃東海事業所への搬入には労働者・市民ら一〇〇〇人が抗議、東京の科学技術庁前では一月四日から三日間の座り込みで、高木仁三郎さんがハンスト。広島の原爆慰霊碑前では被爆者ら八〇人が座りこみ、長崎では被爆者ら一〇〇人が爆心地公園で抗議集会などなどが取り組まれた。

六ヶ所再処理工場着工

一九九三年四月二十八日、六ヶ所再処理工場の着工が強行された。三月十三、十四日の両日には全国から反核燃・反原発の市民グループが青森に集まり反対の声を上げた、と青森県六ヶ所村の菊川慶子さんが報告。

「青森文化会館では十三日、午前は四階会議室で市民大会の実行委員会が、午後には二階大ホールで核燃サイクル施設建設阻止農業者実行委員会がそれぞれ集会。参加者は延べ一五〇〇人にのぼりました。午後からの集会では、農協婦人部・青年部を中心に、労働団体や生協連、市民グループなどが会場を埋めつくし、集会の終了後、色とりどりの横断幕を掲げて、青い森公園までの三キロをデモ行進しました。

科学技術庁前でハンスト、座り込み。1993年1月4日。

翌十四日、六ヶ所村の中央公民館で現地集会が開かれました。一万人訴訟原告団の主催、上十三《かみとうさん》住民連絡会議・核燃から海と大地を守る隣接農漁業者の会の共催で、約一七〇人が参加。しかし六ヶ所村内からの参加者は二十数人にとどまりました」(一九九三年四月号)。

六ヶ所と福島を結ぶ

一九九三年一月三十一日に「よそにまわすな!放射性廃棄物――六ヶ所と福島を結ぶ集い」を開いた脱原発福島ネットワークは二月六日、ドラム缶二六八〇本を積んで東京電力福島第一原発の専用港を出港する運搬船「青栄丸」に抗議の声をぶつけた。佐藤和良さんが報告する。

「私たちは、東電に対し、搬出を中止し責任を持って管理することを要請してきましたが、悪天候を理由に七日の出港予定をくりあげ、穏やかな快晴の六日、搬出を強行したのです。急を聞いて二〇人の市民が東電第一正門前に早朝からつめかけ、東電に対して再び三たび申し入れ。午前九時に岸壁をはなれた青栄丸に向けて展望台に横断幕をかかげ、『出ていくな！　戻ってこーい』と呼びかけました。

翌七日は正門前で早朝からコンサート。茨城、宮城、東京などからも参加して抗議集会が開かれ、『よそにまわすな！放射性廃棄物　ふくしま宣言』を採択しました。また、六ヶ所村までの三三〇キロの『レインボウ・ウォリアーズ（虹の戦士）・ラン』もスタート。ランの一行は、二月八日に福島県、十二日に六ヶ所村と青森県に申し入れを行ないながら、雪のなかを祈りのランニングをして、六ヶ所と福島の人びとの心をつなぎました」（一九九三年三月号）。

一月後の三月八日には、浜岡原発から六ヶ所村への輸送に対しても、抗議行動が取り組まれた。

核燃料輸送反対全国交流集会

一四回目となる核燃料輸送反対全国交流集会は一九九三年二月二十日〜二十一日、福井県敦賀市で開かれた。めだかの学校の佐伯昌和さんが報告する。

「岡山や兵庫、茨城、青森、新潟など一五都府県の約五〇人が参加。会議では『あかつき丸』の話の中で、『プルトニウムくるな！だけの運動ではおかしい。出ていくな！の運動もきちんとすべきだ』という提起が、毎回、使用済み燃料の搬出時に抗議の監視行動をつづけている島根からあり、各地からさまざまな意見が出された結果、まず使用済み燃料の輸送実態を調査することになった。

つづいて昨年四月の科学技術庁の『情報非公開通知』をどう突破していくかについて、活発な議論が行なわれた。神奈川からは、横須賀市にある核燃料工場の前で『通知』以降、毎日、ウォッチングをしており、しんどいが今年もつづけていきたいということや、横浜市が『もんじゅ』のプルトニウム燃料輸送のために中性子測定器を購入したこと（敦賀市でも購入）が、また、千葉からは、柏市で三月二十一日、住民向けのプルトニウム燃料輸送説明会を動燃に開かせることが、報告された」（一九九三年三月号）。

ＪＡ大東が串間原発反対決議

一九九三年三月二十四日、宮崎県串間市の大束《おおつか》農協（ＪＡ大束）が総会で、原発立地に反対する特別決議をあげた。「串間原発に反対する市民ネットワーク」の竹下主之《ちかゆき》さんが報告する。

「寿甘藷《ことぶきかんしょ》の銘柄で年間四〇億円に近い販売を誇り、畜産や茶の生産者も多い地域である。『いのちをはぐくむ農業と、死の灰を生みだす原発は、共存できません。今後、ＪＡ大束は、「串間に原発はいらない」を旗印として、反対運動に徹する』と、挙手による多数の賛成で決まり、反対運動を続けてきたグループには、この一年で最大の朗報となった」（一九九三年四月号）。

「芦浜原発計画に終止符を！集会」

中部電力芦浜原発の計画地、三重県南島町で一九九三年一月十七日、それまでで最大規模の反対集会とデモが行なわれた。

「反原発きのこの会」の中川徹さんが報告する。

「ここ数年、養殖漁業のハマチ、タイの価格が低迷し、漁業者は大きな打撃を受けていた。中部電力は、養殖漁業が主で芦浜沖に漁業権をもつ古和浦《こわうら》に攻撃を集中。原発反対の漁民が多数派だった古和浦漁協も、昨年四月に賛成派が起こした臨時総会開催請求の署名が初めて半数をこえる事態となった。

反対を決議している町議会も必ずしも盤石とはいえず、四〇人にも増えた中電の地元工作員の働きかけがつづいている。中電首脳は昨年から、九三年中に環境影響調査に着手することを明言しはじめていた。

『中電はナメとるんとちがうか』ということばが、南島青年漁師仲間の正月の酒席で出たとき、集まった若者の怒りに火がついた。それからの若者たちの準備と行動は、まさに大車輪だった。

既存の組織への参加要請、役員、議員、そして町長への働きかけ。若者たちは精力的に動いた。『母の会』が共催したことで、相補う行動がとれた。

寒くて風の強い当日、七つの浦から貸し切りバスで会場の漁港広場に集まってくる。三五〇〇人。予想も期待もすべてを大幅に超えた。九九〇〇人の町民のうちのこの数。主催の『南島町原発反対の会』は一月六日に結成されたばかり。三〇歳の会長はあいさつで、中電の工作の矢面で生活共同体を破壊された古和浦に対して自分たちが何もなしえなかった悔いを述べ、『先輩のたたかいを受け継ぎ、原子力発電所に終止符を打つ』と力強く語った」(一九九三年二月号)。

回収ウラン試験、転換の次は濃縮

人形峠での回収ウラン転換試験に岡山県は一九九三年三月二十三日、了承との知事名義の文書を動力炉・核燃料開発事業団に手交した。それに先立つ三月十九日には、県議会が試験拒否の陳情を否決した。さらに、転換試験につづいて濃縮試験も浮上している。津山市民会議の石尾禎佑さんが語る。

「ウラン濃縮原型プラントでの回収ウラン再濃縮実用化試験は、七月末に動燃が科学技術庁に許可を申請したもの。五四万人の反対署名を無視して来年の夏から強行しようとしている回収ウラン転換実用化試験につづく試験で、原料は、東海再処理工場からの回収ウラン（三酸化ウラン）六〇〇トンを六フッ化ウランに転換したものです。

私たちは、国際基準の一万倍の坑内ラドン濃度のもとでのウラン採掘、ウラン残土の投棄や毒物劇物取締法違反など、動燃の無法ぶりを指摘しつづけてきました」（一九九三年九月号）。

高浜2号蒸気発生器細管裁判に判決

蒸気発生器細管破断を危惧して大阪地裁に提起された高浜原発2号機運転差止め裁判に一九九三年十二月二十四日、請求棄却の判決が下された。原告の久米三四郎さんが報告している。

「法廷から走り出た原告のひとり池島さんが、法廷に入りきれず待機していた人たちに『高浜2号原発に、事故の危険を警告』と大書した『イエローカード』を掲げる。運転停止判決の『レッドカード』を期待していた人たちから、『えー、棄却?』と、悲鳴に近い声があがった。

判決は、運転中の原発に対する人格権にもとづく差止めの請求権を認め、また、最悪の炉心溶融時には一五〇キロ離れた和歌山市にも放射線障害が及ぶと判断して一一一名全員を原告と認めた。そして、原告らの主張・立証を全面的に採用して、運転中に蒸気発生器の細管が破断する危険性を認め、関電とその後見人たる国の安全管理の欠陥に重大な警告を発した。

しかし、原告らの主張・立証では、細管破断が炉心溶融という最悪の事態をもたらすとまでは認定できないと、立証責任を全面的に原告に負わし、国のお墨付きの『安全評価』に依拠して運転差止めの請求を棄却したのである。

弁護団から判決内容の報告を受けた原告らは、重い気分から立ち直り、判決のプラスの面を各地の『若狭の原発を案じる』運動のなかで生かすことを誓い合って判決日の行動を終えた」(一九九四年一月号)

「宗教者の会」結成

一九九三年七月六日~七日、福井県敦賀市で「原子力行政を問い直す宗教者の会」の結成集会が開かれた。茨城県東海村の藤井学昭《がくしょう》さん(真宗大谷派)の報告。

「参加者は約一〇〇名。二日目には『もんじゅ』の構内見学、動燃との『対話』、敦賀市長への申し入れを行ない、散会した。

昨年春、各地の反・脱原発を宗教者の立場で発信し活動している人びとを、日本山の釘宮海証《かいしょう》さんが全国行脚をしながら結びつけて下さった。その動きのなかから、九二年十月、参議院議員会館にて、通産省、科技庁との『対話集会』が行なわれ、宗教者がはじめて『国』に対し問題提起を行なった。その参加者から継続的な会の発足の願いを受け、今回の発会にこぎつけた」（一九九三年八月号）。

一九九四年　上関、芦浜計画めぐり動き

上関で環境影響調査阻止行動

中国電力が上関原発の建設を計画している山口県上関町で、建設に必要な環境影響調査を阻止する行動が展開された。「原発に反対し上関町の安全と発展を考える会」の河本広正さんが報告。

「上関原発の計画地、山口県上関町四代田の浦海岸に中国電力が環境影響調査のための資材搬入をはじめた十一月七日、地元の反対派、上関原発を建てさせない祝島島民の会は、海と陸から阻止行動を展開した。資材はボーリング機器や気象観測用の建材、土台のセメントなど、陸の調査用がほとんど。六日午後、柳井港で台船二隻に積みこまれ、七日未明に監督船など計六隻で田の浦海岸へと向かった。

台船は午前七時に接岸。それを『原発絶対反対』などののぼりを立てた漁船一〇〇隻が取り囲んだ。さらに『土地盗りサギ拒否』『環境影響評価拒否』などと書いた横断幕を張り、海岸に座りこんでいた主婦ら二〇〇人が、『中電は帰れ帰れ』とシュプレヒコール。

約二時間の後、海上保安部の職員が座り込みの主婦たちに立ち退きを警告し、主婦たちは左右に分かれて座り込みをつづける。その間に台船からの資材の陸揚げが始まった」（一九九四年十二月号）。

「許すな！環境調査」と柳井から上関へ一八キロを歩いて訴えた「上関原発いらん！ウォーク」の報告は、「原発いらん！山口ネットワーク」の三浦翠《みどり》さん。

「十二月十一日は冷たい雨の日曜日になりましたが、東は広島、西は下関までの各地から、四八人の参加。ダンボールで四連の電車をつくって、母子四人で中に入って歩くHさん、Sさん、大漁旗のロングドレスをまとったNさんなど、皆思い思いの装いで、二歳から小、高、大学生、最年長は七〇歳過ぎまで、まさに市民の集まりです。

まず柳井市内を三キロのデモ。市内を抜けると、車の通りのはげしい国道の歩道を傘をさし、スタスタと歩いて平生町へ。途中、海岸で震えながらおにぎりを頬ばったり、時間が足りなくなって伴走車のお世話になったりしながら、平生漁協のある佐賀では全員がビラ入れ。

たどりついた上関公民館には、祝島からも船で駆けつけて下さって、二階の会場は満員。全員が一分間ずつの自己紹介とスピーチ。十一月七日の環境調査の資材搬入時の様子を、祝島の坂本さんが話され、当日、余りにも急なことで誰一人として現場に行けなかった『原発いらん！山口ネットワーク』のメンバーにとっては、胸にひびく生の声でした」（一九九五年一月号）。

そして、対岸の大分県での建設反対集会を「国東《くにさき》沖の上関原発を考える住民の会」の高井公生さんが報告する。

「年末の慌ただしい二十四日、クリスマス・イブの日に、山口県上関原発の計画地の対岸三十数キロ、大分県国見町で祝島漁協の山戸貞夫さんを招いて、建設反対の集会を開きました。十二月二十一日には中国電力によって陸上部の環境影響調査が強行され、それに対する抗議行動などで緊迫する中、祝島から山戸さんのほかに三人の人たちが、船で駆けつけてくれました。集会には地元の漁民・住民をはじめ、労働組合員など三二〇名余りが参加。

祝島の長年のたたかいの報告に改めて感動を覚える一方、一二年前に計画が持ち上がった上関原発計画は、『こんなに近いところに原発ができようとしているなんて、まったく知らなかった』という参加者の発言に見られるように、大分県側の多くの住民には遠い存在だったようです」（同右号）。

古和浦漁協、芦浜原発反対決議を撤回

一九九四年二月十日、三重県南島町民は、芦浜原発反対の闘争史上初めて、中部電力本店への抗議デモを行なった。その二週間後の二十五日、古和浦漁協の総会で三十年来の反対決議が撤回される。「だが、地元の反対派に大きな動揺はない」と反原発新聞伊勢支局。

「昨年一月の反対派第三世代の青年たちによる『南島町原発反対の会』結成と、同会主催の三五〇〇人の集会、デモ、翌月の町民投票条例の制定は、こうした事態を予想し、備える行動でもあった」と前出の若者の怒りに言及している。

「昨年十二月、中電は、露骨にも古和浦漁協に二億円を『預託』、組合長はこれを一〇〇万円ず

つ、希望する組合員に配った。海洋調査に同意させるためのワイロとしか、言いようがないものである。

古和浦漁協の総会後、反対派の漁民は一様に、『三〇年かかって白紙にしただけ。闘いはこれから』と話し、反対派の町議も、『推進派は町全体では少数派。これでむしろ反対運動が活発化する』と語った。むろん状況は厳しいが、南島町民はいまも意気軒高だ」（一九九四年三月号）。

その後の状況は、反原発新聞津支局の福島敏明さんが報告する。

「十二月七日早朝に地元を出発した三重県南島町の三〇〇〇名の人びとは、午前一〇時ころ、続々と津市お城西公園に集結した。田川知事の裏切りと中部電力の抜き打ち海洋調査申し入れ強行への激しい憤りを、集会での何人もの力強いアピール、長い長いデモの隊列、県・中電への抗議文で、県下のみならず全国に示す。

古和浦漁協（南島町）・錦漁協（紀勢町）海域での部分的海洋調査への、十一月二十八日の知事の容認発言、三十日の中電の両漁協への申し入れ、翌十二月一日の知事引退記者会見での原発容認発言ならびに反対派への『井の中の蛙』呼ばわり。

このような情勢の中、原発反対三重県共闘会議も十二月十四日、南島町の人びとの行動に呼応して、海洋調査反対の緊急集会とデモを行なった。

十二月十五日、前夜からの泊まりこみにつづき、早朝から古和浦漁協の前に座りこんだ二〇〇〇人にも及ばんとする南島町の原発反対派住民は、実力で臨時総会を阻止した。上村漁協組合長が緊急役員会を招集し、流会を決めたのである。十二月二十日、漁協役員会は改めて二十八

南島町民が中部電力本社に初のデモ。1994年12月7日。

日に臨時総会を決めた。三重県は、中電と稲葉南島町長（南島町芦浜原発阻止闘争本部長）の仲介に立ち、『古和浦漁協の総会で調査受け入れが決まっても、町内各漁協や町の同意なく調査を実施しない』などの確認書と、『町内の混乱回避のため立地交渉員の活動を一年間休止する』などの覚書が交わされた。二十八日の総会では一一二対九六で、調査受け入れが決まった。なお、錦漁協では十五日の総会であっさり受け入れを決定した。しかし、その一方で十二日には芦浜に約四六〇㎥の土地を所有している長島町漁協（紀伊長島町）が海洋調査反対を表明し、十九日には紀伊長島町議会が調査反対の請願を採択、翌二十日阿児《あご》町議会が『芦浜原発建設計画の見直し、代替エネルギーの推進』を決議するなど、南島町への力強い連帯の動きが出てきている」（一九九五年一月号）。

大分県蒲江町議会が原発計画拒絶

一九九四年三月十八日、大分県南、宮崎県との県境に位置する蒲江《かまえ》町の町議会において、原発建設に絶対反対する決議が全会一致で議決された。「脱原発大分ネットワーク」の河野近子さんの報告。

「同町では、四〇年ほど前にも原発の候補地として名前が挙がったことがあり、そのときには、高山という地区でボーリング調査までされていました。しかし、当時も住民の間に強い反対運動が起こり、いったんは立ち消えになった経緯があります。

その後も、蒲江町に原発が来るのではないかとのうわさは断続的につづき、原発に反対する各グループが、それぞれ独自の動きをつづけて今日に至っています。

私たち『脱原発大分ネットワーク』も、大分県民や蒲江町民に働きかけ、学習会や講演会などを重ねながら、原発の危険性や地域の活性化につながらない点などを訴え続けてきました。

そのような反原発の思いをもつ多くの人びとやグループの長年の努力が実を結び、今回、蒲江町あげての原発建設反対決議という快挙を成し遂げることができたものと、大変うれしく受け止めています」(一九九四年四月号)。

弘前「女たちのデモ」一〇〇回に

「毎月一度、青森県弘前《ひろさき》市で行なってきた『核燃と原発に反対する女たちのデモ』が、この十月で一〇〇回目を迎えた」と、弘前市の嵯峨郁子さんが報告している。

「十月二十二日、いつもの集合場所である弘前大学正門前に集まったのは三〇名。六ヶ所や三沢、そして遠く函館からもかけつけてくれて大感激！　なにしろ、ふだんは七、八名か、少ないときだと三、四名で歩いている私たちには、ずいぶん多い人数に感ずるのだ。

歩いた時間は約四〇分。マイクで核燃の危険性を訴えながら弘前のメインストリートを抜け、お堀の近くのゆるい坂を登ったところで、デモは終わった。

核燃反対の県民の世論の高まりが再び蘇るときがやってくることを信じて、歩きつづけようと確認しあった一日だった」（一九九四年十一月号）。

一九九五年　阪神淡路大震災から「もんじゅ」事故まで

「もんじゅ」でナトリウム火災

動力炉・核燃料開発事業団は一九九五年二月十七日、福井県敦賀市に建設した高速増殖原型炉「もんじゅ」の起動試験入りを強行した。五日前の十二日には「大阪の科学技術センターにおいて、科学技術庁、動力炉・核燃料開発事業団との『もんじゅ』をめぐる直接討論の会を、田中眞紀子科技庁長官の参加を得て開くことができました」と報告するのは、「もんじゅ凍結一〇〇万人署名事務局」の池島芙紀子さん。

「ほぼ一年がかりの大変な難産でしたが、『もんじゅ凍結』を求める八六万人の署名・国民の願いを一つの形にして生かすことができたと思います。

当日は二三都府県からの熱心な参加者で、六時間におよぶ討議が進められました。科技庁・動燃の側からも、かつてない大勢の回答者が顔をそろえましたが、専門家同士のシンポジウムとは一味違う、市民の生の声で鋭く切りこめたのではないかと思います」(一九九五年三月号)。

起動試験入り当日の抗議行動を報告するのは、反原発新聞福井支局の小木曽美和子さん。

「起動試験に入った十七日、敦賀市白木の『もんじゅ』ゲート前で、原発反対福井県民会議や北陸三県の原水禁などの五〇人が、抗議行動を繰りひろげた。『悪魔の火「もんじゅ」の起動をやめよ!』『ナトリウム火災が起こるぞ!』

起動試験に突入した午前一〇時から、JR神戸駅前で二人の宗教者がハンストに入った。阪神大震災の被災者でもある神戸市の牧師、田中英雄さんと、高野山の僧侶、大和永乗さんだ。原子力行政を問い直す宗教者の会として起動試験反対の声明を出し、神戸市民に訴えた」(同右号)。

そして十二月八日、「ナトリウム火災が起こるぞ!」が現実となった。配管に取り付けられている温度計が折れて漏れたナトリウムが空気中の水分および酸素と激しく反応、炎上したのだ。

巻町で自主管理の住民投票

一九九五年一月二十二日から二月五日までの十五日間、全国で初めて町選管の協力を得た自主管理住民投票が新潟県巻町で実施された。東北電力による巻原発計画の是非を問う投票である。「町の有権者の四五%強にあたる一万三七八人が投票するという画期的な成果をあげた」と誇る

ナトリウム火災事故を受けての現地行動。1995年12月9日。

のは共有地主会事務局。

「投票の結果は、原発建設に賛成が四七四票、反対が九八五四票、無効が五〇票だった。

さまざまな妨害のなかで、有権者名簿の閲覧、投票箱をふくむ用具一式の貸し出しなど、巻町選挙管理委員会の全面的な協力を得たことは、運動の成功に大きな力となった。投票者はせいぜい六〇〇〇人との推進派の思惑を打ち破り、一万人を超えた。何より反対票が、佐藤町長の選挙での得票九〇〇六票を大きく上回ったことは重大である。これによって町長の原発推進の根拠はなくなり、三月町議会にもくろんでいた町有地の売却は完全につぶすことができたと言えよう」（一九九五年二月号）。

しかし、町有地売却は強行されようとした。それを食い止めた報告を巻町の桑原三恵さんから。

「新潟県巻町の自主管理住民投票の結果が出た五日後、東北電力が巻原発計画地内の町有地の売却を町に申し入れ、十日後の二月二十日にそのための臨時町議会が予定されたとき、『ハンストによる抗議と抵抗』は、ごく自然に私の中からあふれでた。

『体力は乏しいのに』という夫を、『原発反対のお母さんたちの気持ちをこのままにしてはおけない』と説得し、十八日夕刻四時、町役場玄関前でスタートしたハンストは、思いがけないことの連続だった。なんといっても、町内外のたくさんの人々の共感と支援、そして、ともに座りこんでくれた人数の多さ。

町議会は、『巻原発設置反対会議』による動員の皆さんの応援も得て、流会にすることができた」(一九九五年三月号)。

六月二十六日、町議会で原発の是非を問う住民投票条例が、一一対一〇の賛成多数で成立した。七月十九日施行。町長は九月十九日、「施行から九〇日以内」とされた投票の実施時期を「町長が議会の同意を得て」と先送りにする改正案を提出、十月三日に可決される。町民は、リコール運動で町長を辞職に追い込んだ。巻原発反対共有地主会の佐藤勇蔵さんが報告する。

「多くの町民の願いで実現した新潟県巻町の原発住民投票条例の改悪に手を貸し、あまつさえ『住民投票と町有地の売却は関係がない』とまで発言した町長に対して、町民の怒りが爆発しました。『住民投票を実現する会』と原発反対の六団体連絡会を中心に一〇〇〇人の受任者が結集して町長のリコール運動に取り組んだのです。その結果、定められた期間をまるまる一週間残し

六ヶ所村への高レベル廃棄物初搬入NO!を訴える。1995年4月26日。

て、有権者の三分の一（七七〇〇人）を大きく上回る一万二三二一人もの署名を集めることができました。

茫然自失の町長は、とつじょ辞職してしまいました」（一九九六年一月号）。

一九九六年一月二十一日の町長選では、「住民投票を実行する会」の笹口孝明さんが当選する。

高レベル廃棄物初搬入

一九九五年四月二十六日、フランスからの「返還廃棄物」（日本の電力会社が委託した再処理により使用済み燃料から分離された高レベル放射性廃棄物）が、青森県六ヶ所村の「廃棄物管理施設」に初搬入された。「それに先立つ三月十四日、青森県議会は、『情報の公開がされない場合、知事は入港拒否を明確にすること』との決議をした」と、青森県三沢市の山田清彦さんが報告する。

しかし知事の権限を強調した「この決議は、『知事の了承なくして青森県を最終処分地にできない』との、すべては知事次第という確約書を引き出すことに悪用され、四月二十五日、予定を一日延ばして輸送船パシフィック・ピンテール号の入港許可が出されたのである。

この入港に備えて、四月十八日、むつ小川原港に市民グループが監視のテントを張った。さて、五月晴れと見紛う二十五日早朝、入港抗議に結集したのは、労働者、農業者、市民ら総勢八〇〇余人。警備陣は約一〇〇〇人、取材記者が約三〇〇人。船影がかすんで見える中、緊張の面持ちで待ち構えたが、輸送船は入港できなかった。国の『確約書』を取り付けるために、木村知事が接岸拒否を表明したのだ。ただし、その日の夕方には『確約書』が知事に手渡され、入港の許可も出た。

二十六日、前日とは打って変わり大粒の雨に濡れたむつ小川原港に、抗議で結集したのは約一〇〇人。輸送船が入港、接岸し、吊り上げられた輸送容器が姿を現わすと、緊張はピークに達した。市民グループの非暴力直接行動、労組のシュプレヒコール。警備陣が道路を完全封鎖して、『管理施設』への搬入が強行され、そしてダイ・イン」(一九九五年五月号)。

泊原発から使用済み燃料初搬出

むつ小川原港に高レベル放射性廃棄物を輸送してきたパシフィック・ピンテール号は、九月には使用済み燃料を積んでイギリスに向かった。泊原発からの搬出に抗議した岩内原発問題研究会

泊原発からの使用済み燃料搬出に抗議。1995年9月19日。

の辻陽子さんの報告。

「『パシフィック・ピンテールは帰れ！』『使用済み燃料をおろせ！』。さまざまな怒りの声や抗議の声が、北海道岩内町のフェリー港そばの、泊原発がよく見える砂浜に渦巻く。市民グループがチャーターした漁船が、各グループや労組の旗をなびかせて輸送船パシフィック・ピンテールを追う。九月十九日、泊原発から運転後初めての使用済み燃料が、イギリスのセラフィールド再処理工場に向けて搬出された。

情報公開もなく、搬出日時さえ定かにわからない状況の中、Xデーは十九日とのウラ情報を頼りに各地の市民グループが数日前から駆けつけてくれ、岩内原発問題研究会など地元グループとの連携で多彩な搬出反対アピールがはじまる。街宣車で訴え、ビラをまき、声をかけ、搬出反対の理解を求める。

北海道電力のPR館前では、『子どもの未来に放射能はいらない』などと書いた横断幕を手に抗議。『敷地内です。退去してください！』と排除しようとする力に抗ってねばること一時間近く。歌をうたい、青森県六ヶ所村から来てくれたお坊さんのお経まであげて、大いに見学者の関心をひいた。

また、札幌でも北電本社前で、反原発グループが座り込みやビラ巻きなどの行動を展開し、二〇〇枚ほど用意したビラが瞬く間になくなる反応だったという。

搬出当日、ヘリコプターが数機、轟音をたて騒然としてくる中、続々と抗議集会に参加する人たちが集まってくる。その数およそ八〇〇人。沖には抗議船。

専用港の中にいて鼻先しか見えなかったピンテールが、そろそろと現われた。一段と高い抗議の声をあげながら、全員が波打ち際に寄っていく。アイヌウタリの闘いを告げる『ウォーイ』という音声がお腹に響く。小さな抗議船が巨体のピンテールを追う。横腹近くまで近づく。しかし、そのスピードの違いに、みるみる離される。……ピンテールは視界から消えた」（一九九五年十月号）。

柏崎刈羽原発6号機に核燃料初搬入

「六月二日、世界最初のABWR原発（改良型沸騰水型炉、一三五・六万kW）である東京電力柏崎刈羽6号炉への初装荷燃料の搬入が行なわれた」と報告するのは、反原発新聞柏崎市局のTさん。

「新潟県柏崎市・刈羽村では、現在、五基五五〇万kWの原発が稼働中で、核燃料輸送は日常化している。とはいえ、一月十七日の阪神・淡路大震災や四月一日の新潟県北部地震、そして五月二十八日のサハリン地震と、相次ぐ地震で原発の耐震性が危ぶまれる中で、劣悪地盤対策のため人工岩盤の上に設置された原発への初搬入だ。

そこで、柏崎原発反対の地元三団体と、柏崎巻原発反対県民共闘会議の呼びかけで、全県下から四〇〇人余が集まり、抗議行動を展開した。この輸送に対する監視と抗議の行動は、神奈川県横須賀市のＪＮＦ（日本ニュクリア・フュエル）前から、東京、埼玉、群馬、新潟の沿線ルートでいっせいに繰り広げられた。柏崎からも出発点のＪＮＦに出向きルート全線で輸送車を追跡、抗議、監視した」（一九九五年六月号）。

大間原発対岸で反対の会

青森県大間町に電源開発が建設を計画している大間原発に、対岸の北海道函館市で反対運動が動き出した。新たに発足した「道南の会」の林昌樹さんが報告する。

「青森県下北半島の先端、大間町に計画されている原発は、対岸の私たち北海道の住民にとっても無関心でいられない。最も近いところで、わずか一八キロしか離れていない。

遅ればせながら、北海道側から『ストップ大間原発道南の会』（大巻忠一会長）を二五〇名の参加で発足させ、六月十日、第一回の総会を開催しました。

会ではさっそく、函館市および市議会に大間原発計画に反対するよう要請、七月二日には計画地の視察に出かけ、地元の人たちとの交流を通じて、大間原発計画を断念させるべく、共に取り組みを強化することを話し合ってきました」（一九九五年七月号）。

一九九六年　巻原発住民投票

町民は拒否の意思表示

一九九六年は、何より新潟県巻町で八月四日に行なわれた住民投票で、有効投票数の六一パーセント、全有権者の五四パーセントに当たる一万二四七八人の町民が、原発計画反対に票を投じた年として記憶されるだろう。すでに電源開発調整審議会で国の電源開発計画に組み入れられ、安全審査に入ってしまっていた原発計画に、地元住民がはっきり拒絶の意思表示をしたことの意味は、計り知れないほど大きい。

「原発のない住みよい巻町をつくる会」の桑原正史さんが言う。

「この数ヵ月間、町のあちこちで、原発の安全性や放射性廃棄物の処分方法も決まらないまま突っ走る原子力行政に疑問を呈する声をたくさん聞いた。巻町民は、資源エネルギー庁や東北電力や各種推進団体のカネと組織力と社会的なしがらみを駆使した攻勢に負けなかった。

小学生や中学生や高校生たちは、反対派の街宣車を拍手で迎え、『原発反対がんばれ！』と叫んだ。その声に励まされて、いま、巻町民はしっかりと『原発と共生しない未来』を選んだ」（一九九六年八月号）。

全国から寄せられたハンカチによる「しあわせの木」。1996年7月。

その象徴が、巻町民、そして全国から寄せられたハンカチのメッセージだ。同じく「原発のない住みよい巻町をつくる会」の桑原三恵さんが、こう訴えていた。

「『住民投票で巻原発をとめる連絡会』では、八月四日の投票日に向けて、〝ハンカチ運動〟を開始した。原発反対の思いをかいたハンカチを寄せてもらい、共感と連帯のシンボルとして〝原発いらない、しあわせの木〟をたてようという計画だ。集まってくるハンカチの言葉を読むと、町民の思いの深さに胸が熱くなる。子を守り、自然を守ろうとの私たち町民の願いは、全国の反原発の人びとの願いにつながっている」(一九九六年六月号)。

「もんじゅ」を廃炉に!

前年一九九五年一月の阪神・淡路大震災

と十二月の「もんじゅ」事故を受けて、九六年「一月十四日、『神戸からもんじゅへ―もんじゅは廃炉だ』と題する緊急全国集会が、地震・環境・原発研究会の主催で開かれ、北海道から九州まで、全国二〇〇人の方が東京に集まって、熱気のある話と討論が展開された」と、地震・環境・原発研究会の広瀬隆さん。

「福井の松下照幸さんから、『もんじゅ』現地のたくましい運動の実情と共に、福井県が自治体として事故後に果たした役割の大きさが語られ、日本の原発立地県の大きな変化にみな感動した」（一九九六年二月号）。

「原子力発電に反対する福井県民会議」は一九九六年四月十九日、住民の立場で「もんじゅ」事故の原因を調査する「『もんじゅナトリウム火災事故調査』検討委員会」を発足させた。県民会議の小木曽美和子さんが、メンバーを紹介している。

「メンバーは、久米三四郎さん（核化学）を代表に、小出裕章（原子核工学）、小林圭二（原子炉物理学）、正脇謙次（金属物理学）、山内知也（原子力工学）、宮内泰介（社会学）、吉村清（県民会議）の各委員である。

これまでに動燃は三回、科技庁は一回の中間報告を公表している。検討委員会は、これらの報告書で欠けている資料の検討に入った」（一九九六年五月号）。

「もんじゅ」凍結署名は、一〇〇万人を突破した。署名事務局の池島芙紀子さんが報告する。

「二年前、『もんじゅ』の臨界の時にスタートした凍結要求署名が五月一日、ついに一〇〇万人を突破した。やはり一〇〇万人の力は大きいと見えて、急遽、五月十四日に中川秀直・科学技術庁長官との会見と署名提出が設定された。

残念ながら長官は、『これだけ多くの署名については、重く受け止める。いま、この時点でリサイクル政策を放棄するとは言えないが、大いなる合意が得られるよう、議論の場は重要と思う』と、ソツのない返答だった。

私たちは、その後の交流会でも、目的を達成するまで署名運動（署名だけでなく、地方議会への働きかけや、各地討論集会など）を継続していくことを確認し合った」（一九九六年六月号）。

芦浜原発反対署名

三重県では、芦浜原発計画に反対する署名が県内有権者の過半数に達した。「南島町芦浜原発阻止闘争本部署名集め実行委員会」の報告。

「町長を先頭として南島町民のほとんどが結集している三重県南島町芦浜原発阻止闘争本部内の労働組合、市民団体、そして数多くの県内外の市民は、昨年の十一月十二日から『三重県に原発いらない県民署名「芦浜原発闘争三三年終止符運動」をすすめてきました。そして、本日、五月三一日、八一万二三三五人の署名を、北川知事に提出しました。署名は目標の五〇万人をはるかにこえて、県内有権者の過半数さえも大きく上回りました。署名をしたくてもその機会がなかった人の分も加えると、『芦浜原発はいらない』という県民の声はもはやゆるぎないものといえます」（一九九六年六月号）。

上関原発建設申し入れ

中国電力は一九九六年十一月十三日、山口県、上関町と関係漁協に上関原発の建設申し入れを行なった。異例のファックスでの申し入れを、「原発はごめんだヒロシマ市民の会」の木原省治さんが報告している。

「上関町への申し入れは、『上関原発を建てさせない祝島島民の会』の会員を中心に原発反対派の人たち約四〇〇人が朝早くから役場を取り囲み、中電本店からのファックスによる申し入れとなり、できもしない原発建設の先行きを暗示させるものとなった。『島民の会』の人たちは、前日の十二日には約八〇人が抜き打ち的に広島市の中電本店への抗議行動を行ない、連日の行動となったが、元気いっぱいに反対住民の結束の固さを示した。

申し入れのため上関役場を訪れる予定だった中電の高須司登《しとみ》社長は、役場の手前にある上関大橋前で早々に引き返し、記者会見場となっていた柳井市の結婚式場へ移動したが、反対派の人たちはバス四台などでその後を追いかけ、結婚式場前で座り込み。

このほか山口県内各地で、さまざまな抗議行動が行なわれた」(一九九六年十二月号)。

浜岡5号機増設反対住民会議発足

一九九六年九月九日、浜岡原発5号機増設に反対して、静岡県浜岡町(現・御前崎市)全体の住民からなる「原発反対住民会議」が結成された。前年三月にいちばんの地元である佐倉地区の原

三重県内有権者の過半数を大きく上回る署名。1996年5月31日。

発対策協議会が「不同意」を表明するなどして暗礁に乗り上げていたのを、町長が強引に同意に突き進むことに対抗するためである。「浜岡原発とめようネット」の小村浩夫さんが報告。

「いままで佐倉地区、池新田地区などで活動を続けていた三団体、浜岡原発問題を考える会、浜岡原発の危険から住民を守る会、浜岡町政を見つめる会が合同して結成したもので、九月十日からの町議会で増設同意をしようとした浜岡町長、町議会の動きに危機感をもった住民が住民団体の連携を強化するために踏み切ったのです。このような組織は浜岡では初めてのもので、結成集会の翌日、増設反対の決議を町長に提出しました。一方、佐倉地区は、九月九日までに八つの町内会すべてで、『5号炉増設不同意』を再確認しました」（一九九六年十月号）。

残念ながら十月七日、町議会全員協議会で増設同意を強行、町長が中電に同意書を手渡した。

東海原発廃炉

日本原子力発電の取締役会は一九九六年六月二十八日、東海原発の営業運転を九八年三月末で停止すると決定した。東海第二原発訴訟原告団の根本がんさんが、その意味を述べている。

「東海第一原発のコールダーホール型ガス冷却炉は、もともとプルトニウム生産炉である。それがプルトニウムを燃料とする高速増殖炉『もんじゅ』事故と重なって廃炉が決定されたことは、暗示的と見るのは考えすぎだろうか。東海村が原子力開発の始まりの地なら、これを機会に原発時代の終わりの始まりにしなければならない」(一九九六年七月号)。

原発輸出から国は手を引け

一九九六年十二月十七日、参議院外務委員会で原発輸出に国が関与しないよう求める請願が採択された。「『ストップ原発輸出』キャンペーン」の浜朝子さんが報告する。

「私たちは、原発輸出は最悪の公害輸出と考えています。そこで私たち『ストップ原発輸出』キャンペーンでは、国会へ提出する請願署名を集めることにしました。内容は、『原発輸出に公的資金や国の許可を与えないこと』を求めるものです。

私たちの配ったわずかな数の署名用紙が、なんと約一四万人の署名数になりました。衆参両院で八〇名を超す国会議員が紹介議員となって下さり、両院の外務、大蔵、商工各委員会に請願しました。そして十二月十七日、参議院の外務委員会で、この請願を採択し、内閣に送付することがきまったのです！

残念ながら、公的資金の供与にかかわる大蔵省、輸出許可を与える通産省に影響力をもつ委員会では採択されませんでしたが、原発輸出に反対を表明する国会議員も増え続けています」（一九九七年一月号）。

一九九七年　動燃が衣替え

東海再処理工場アスファルト固化施設事故

一九九七年三月十一日、茨城県東海村に動力炉・核燃料開発事業団が保有する使用済み燃料再処理工場の放射性廃棄物をアスファルト固化処理する施設で火災・爆発事故が発生した。反原子力茨城共同行動は、迅速に行動を開始する。

「反原子力茨城共同行動には、十一日の一一時三〇分に現地からの第一報が入った。すぐに連絡を取り合い、情報の収集をはじめた。容易ならざる事故の姿が浮かんでくる。主だったメンバーが直ちに集まり、情報の真偽を確かめ、分析し、緊急抗議集会の開催を決めた。事故発生から四八時間後の十三日午後七時、水戸市の自治労会館で、緊急感あふれる集会となった。会場には開会前から市民・労働者がつめかけ、一二〇人余りが参加した。

緊急抗議集会で採択された市民事故調査委員会の設置、動燃事故一一〇番の開設、東海村民へのアンケート調査の実施へと、目まぐるしい動きがはじまった」（一九九七年四月号）。

事故から一ヵ月目の四月十二日には、東海村で「事故抗議全国集会」が開かれている。「反原子力茨城共同行動」の根本がんさんが報告する。

「反原子力茨城共同行動や市民事故調査委員会、自治労、原水禁などの呼びかけで、三二都道府県から一三〇〇人が参加した。当日は、午前中、自治労が村民への聞き取りアンケートを実施、正午から茨城県集会。続いて午後二時から全国集会となった。

『動燃事故市民事故調査委員会』は、さっそく予備調査などの行動を開始し、四月三日には動燃に事故の説明を求め、翌四日には日立市など周辺自治体を対象に、防災問題で調査を行なった。つづいて五月二日、あらかじめ提出しておいた質問項目について再び動燃の調査を実施。前回は資料も出さず口頭での回答だったが、二回目は、調査委員会の強い要請で正式に資料の提出があった」（一九九七年五月号）。

島根3号増設申し入れに抗議

一九九七年三月十二日、中国電力は島根県と鹿島町（現・松江市）に島根原発3号機増設の申し入れを行なった。「島根原発増設反対運動」の芦原康江さんらが、抗議行動を行なった。

「当日、朝から冷たい風の吹くなか、私たちは、地元の鹿島町役場と島根県庁前にて抗議のシュプレヒコールで中電の社長を待ち受けました。県庁前では、県職労、原水禁の約一〇〇名も参加し、抗議の横断幕やのぼり旗、新潟県巻町の住民投票を激励した『原発いらないハンカチ』がひらめくなかを、中電の一行は、県知事に申し入れに向かうことになりました。彼らが申し入れた後、私たちは県に対して、約八〇〇〇名の知事あて、県議会議長あての増設反対署名を、それぞれ第一次集約分として提出しました。

また、この日は社長との会見も実現しましたが、社長は『中電が行なった世論調査では、原発が必要であるという回答は七六％ある』と主張。自分に都合のよいことだけを言う中電に、参加者一同の怒りが爆発しました」（一九九七年四月号）。

一九九八年　核燃料サイクルを回すな

「もんじゅ」事故巡り公開討論

「もんじゅ」ナトリウム火災事故をめぐり、「原子力発電に反対する福井県民会議」は一九九八年二月二十二日、原子力安全委員会、科学技術庁、動力炉・核燃料開発事業団との「もんじゅ事故調査公開討論会」を、福井県敦賀市の福井原子力センターで開催した。自治体、議員、一般傍聴を含め二〇〇人が参加した討論会を、県民会議の小木曽美和子さんが報告している。

「安全委員会が市民団体の主催する討論会に出席するのは初めてで、住田健二安全委員、永田徳雄ワーキンググループ委員、結城章夫科技庁審議官が、県民会議の設置した事故調査検討委員会の久米三四郎、小林圭二さんら検討委員や、県民会議の代表と『もんじゅ事故の原因調査は徹底的に行なわれたか』をテーマに論戦を交わした」（一九九八年三月号）。

プルサーマルめぐっても公開討論

公開討論は、関西電力のプルサーマル計画をめぐっても行なわれた。自治労大阪府職の末田《すえだ》一秀さんが報告する。

「関西電力が来年度から福井県の高浜原発4号炉で実施しようとしているプルサーマル計画に関し、大阪で四月十八日、関電と原水禁関西ブロック、『美浜・大飯・高浜原発に反対する大阪の会』などの市民グループ共催による『ディスカッションのつどい』が行なわれました。関電がOHPを使って計画を説明した後、安全性の追及からスタート。会場一体になった追及が行なわれました。

資源の節約を宣伝する関電に対し、プルサーマル計画全体のエネルギー収支がマイナスになるという観点から、再処理などに投入されるエネルギーについて質問しましたが、関電の回答はなんと『計算していない』。

また、余剰プルトニウムを生まないためとの説明に関しても、プルサーマルをやってもプルトニウムが余ると追及されると、『原発をやるかぎりプルトニウムはふえる』『分離されたプルトニウムが問題』と口をすべらしました」(一九九八年五月号)。

「高レベル」も「もんじゅ」も「プルサーマル」もいらない!

一九九八年十一月二十八日から二十九日にかけて、岡山で「『高レベル』も『もんじゅ』も『プルサーマル』もいらない！岡山シンポジウム」と「全国交流集会」が開かれた。「放射能のゴミはいらない！県条例を求める会」の広本悦子さんが報告する。

「これは、私たち岡山の『放射能のゴミはいらない！県条例を求める会』が、高レベル廃棄物などの処分場を拒否する運動を始めて一〇年目を迎えたことと、この節目の年に動燃が『核燃料サイクル開発機構』に衣替えし、人形峠で放射性廃棄物がらみの事業を継続することになったことから、さらに運動を強化する決意の表明として取りくんだものです。

第一部の『岡山シンポジウム』は、高レベル廃棄物がすでに運び込まれている青森県六ヶ所村と、処分場の可能性が疑われる北海道幌延、岐阜県東濃、岡山県のパネラーが現地の状況を報告。シンポジウムの終了後、岡山県の中ほどに位置する建部町に場所を変え、第二部の『全国交流集会』を開催しました。

二日目は、『核燃料サイクル』や原発の新増設、国際問題などの報告。さらに、閉会間際まで、活発な討論や提案がありました」（一九九八年十二月号）。

使用済み燃料の六ヶ所搬入

核燃料サイクル施設の集中立地地、青森県六ヶ所村では「燃焼度計測装置の校正試験用」と称する使用済み燃料の搬入が始まっていた。青森県三沢市の伊藤和子さんが報告。

「台風による二度の延期のあとの十月二日、前日からの嵐にもかかわらず、原燃船舶（現・原燃輸送）の輸送船『六栄丸』は、福島第二原発からの使用済み燃料約八トンを積んで六ヶ所村むつ小川原港に入港、午前七時に接岸された。八時ころには、県内外から使用済み燃料に反対する人たちが集まりはじめる。時折強く降る雨の中、九時からは青森県反核実行委員会主催による集会、一〇時からは市民団体、農業者、労働組合などで組織する『核燃料廃棄物搬入阻止実行委員会』の主催による集会が開催された。

一〇時半にはクレーンが動き始め、集会の途中でシュプレヒコールによる抗議行動に移った。雨の中、みんなの思いとは別に使用済み燃料は二台の専用トレーラーに積み込まれ、放射線の測定などの検査が行なわれ、午後一時四五分に出発。座り込んだ人たちを強硬に排除し、港の出入り口の端にいる人たちを力づくで押し出すなど、警察の横暴な態度がめだった。空には三機のヘリコプターが威圧するように先回りをする中、使用済み燃料の搬入が強行された」(一九九八年十月号)。

岩内町農協が泊3号増設反対決議

北海道電力は七月二十九日、道と地元四町村に泊原発3号機増設を申し入れた。それに対し岩内町農協が反対を決議したと、岩内原発問題研究会の辻陽子さんが報告している。

「岩内町農協では九月八日の理事会で『不買運動再発につながる原発の増設については強く反対する』と決議し、十日には、北電社長、道知事、岩内町長宛てに反対の申し入れを送付した。

一方、『決めるのは私たち！泊原発3号機住民投票をめざす会』では、『知事の発議による道民投票』の実施を求める署名運動を、十月、十一月の二ヵ月で一〇万人を目標に、本格的に開始した」（一九九八年十月号）。

一九九九年　MOX燃料上陸

JCO臨界事故

一九九九年九月三十日、茨城県東海村のジェー・シー・オー（JCO）東海事業所のウラン加工施設内の施設で臨界事故が起きた。JCOは、核燃料用のウランの化学的な形を変えたりする作業を行なっている会社だが、この事故は、ウランから不純物を取り除く施設で起きた。臨界は原子炉では平常に起こっていることなのだが、原子炉以外の場所で臨界になると、それは事故となる。作業にあたっていた三人のJCO社員は大量の放射線（ガンマ線、中性子線）をあび、うち二人は、九九年十二月と翌二〇〇〇年四月にあいついで亡くなった。

反原子力茨城共同行動の根本がんさんが報告。

「反原子力茨城共同行動には、事故が伝えられてから、心配する市民の電話が相次いだ。共同行動は直ちに会議を開いて対応を協議し、県、村、JCOに申し入れを行なった。県に申し入れた際に、データや資料を請求したところ、『出せない』という。情報公開に全く逆行する姿勢に、参加者は怒りをあらわにして詰め寄る一幕もあった。結局は時間がかかるが出すことになった。

十月三日、水戸市の自治労会館で、反原子力茨城共同行動が主催して緊急抗議集会を開いた。一五〇人余りが参加した集会は、事故経過の説明につづき、京都大学の荻野助教授、茨城大学

東京でも大集会・デモ。1999年12月4日。

の河野助教授が事故の問題点や放射線について話をし、情報公開、徹底的な影響調査、第三者機関による事故原因の究明などを訴えた」（一九九九年十月号）。

続いても根本さんの報告。

「茨城県東海村の燃料加工会社ＪＣＯ東海事業所の『臨界事故』で、原子力防災や事故の賠償、安全対策などを考える『11・27 ＪＣＯ臨界事故を考えるシンポジウム』が、十一月二十七日、那珂町の笠松運動公園体育館で開かれた。自治労県本部や県教組、市民団体で構成する実行委員会の主催で、労組員や地元住民ら三〇〇〇人余りが参加した。

シンポジウムに先立ち、反原子力茨城共同行動は、十一月二十日から一週間のハンガーストライキを行なった。参加者は二五人。茨城大の学園祭でハンスト宣言文を読み上げて座り込みに入り、翌二十一日からは水戸駅前に場所を移した。ハンストは二十七日までつづけられ、シンポジウムの会場前で終了宣言集会を開くとともに、シンポの終了後、ＪＣＯに向けてデモ行進」（一九九九年十二月号）。

ＭＯＸ燃料のデータ捏造を暴く

海外の核燃料工場で製造されたＭＯＸ燃料が、本格的なプルサーマルの開始に向けて日本に初上陸した。一九九九年九月二十七日にはベルギーでつくられたものが福島第一原発に3号機用として、十月一日にはイギリス製のものが高浜原発に4号機用としてである。前者を運んだのは「パシフィック・ティール」号、後者の輸送は「パシフィック・ピンテール」号だが、二隻の船はそれぞれ武装して、相互に護衛にあたる態勢で並んで航海してきた。

福島で迎え撃った原水禁福島県民会議の遠藤義裕さんが報告する。

「私たちは九月十八日、原子力資料情報室の協力を得つつ、北海道、青森、新潟、茨城などから三〇〇人が集う『核燃料サイクルシンポ』を開催、破綻したプルトニウム利用政策の矛盾を明らかにし、翌十九日には福島県庁前に一五〇〇人が結集して『ＭＯＸ搬入抗議東日本集会』と搬入抗議デモを行なった。

搬入当日は、市民運動などとともに抗議行動を行なった」（一九九九年十月号）。

上陸前に英国核燃料公社（ＢＮＦＬ）によるＭＯＸ燃料ペレット寸法データの捏造が判明した。データ捏造は九月十四日、関西電力によって発表された。同電力高浜原発3号機用のＭＯＸ燃料が製造されたＢＮＦＬで不正が行なわれているとの内部告発がイギリスの新聞社にあり、燃料ペレットの寸法データを計測せずに捏造していたことが隠し切れなくなったのだ。同じくＢＮＦＬで一足先に製造された高浜原発４号機用のＭＯＸ燃料が、日本に向かっているところだった。

「原子力発電に反対する福井県民会議」の小木曽美和子さんの報告。

「国と関電は九月二十四日、現地調査による中間報告書を発表し、高浜３号炉用ＭＯＸ燃料ペレットのデータ改竄の事実を認めたものの、『４号炉用のＭＯＸ燃料では不正はなかった』と安全宣言をした。だが、そのことを信じる者は、福井県ではほとんどいない。

ペレット寸法データ不正の疑惑が解けない４号炉用ＭＯＸ燃料は十月一日、厳戒態勢の中、高浜原発専用港に入り、陸揚げされた。海上では若狭湾一の漁獲高をあげている越前町漁協の船団八〇隻が、午前五時に高浜沖に集結し、船体に『プルサーマル絶対反対』の横断幕を掲げて入港に抗議した。

高浜原発正面の対岸では、午前八時ころから県内、北陸、京阪神の三〇〇人が集まり、『疑惑のＭＯＸ廃棄！　プルサーマル中止を求める若狭湾集会』を開催。シュプレヒコールと抗議集会を繰り返した。そのあと、高浜発電所と町役場で４号炉用ＭＯＸ燃料の廃棄とプルサーマル中止を申し入れ、町内を行進して町民に訴えた」（同上号）。

関西と福井県の住民らの活動により、４号機用燃料にも不正のあることが判明。十二月十六日、ついに関西電力は、装荷断念を発表するに至った。

福島県庁前で「MOX搬入抗議東日本集会」。1999年9月19日。

高レベル廃棄物処分反対で共同声明

一九九九年三月二十九日、高レベル放射性廃棄物の地層処分に反対する北海道・岐阜・岡山の八市民団体が共同声明を発表（一九九九年四月号に掲載）、内閣総理大臣、通商産業大臣、科学技術庁長官あてに郵送した。五月十五日、十六日には北海道の五団体・一〇人が岐阜県の「超深地層研究所」計画地を訪れて視察、地元住民と交流を深めた。

「この視察は、東濃の四団体の呼びかけで実現しました」と言うのは、東濃四団体事務局長の井上敏夫さん。

「昨年二月、国と核燃機構は北海道に『深地層研究所計画』を提案しました。同様の、先行している『超深地層研究所計画』の現状を視察することで、この計画の受け入れ拒否の運動にはずみをつけてほしいと願ったからです」（一九九九年六月号）。

一九九八年二月の国と核燃機構の提案と、それに反対する道北集会について、北海道幌延町議の鷲見悟さんが報告する。

「一五年以上にわたって膠着状態がつづいていた北海道幌延町の『貯蔵工学センター（高レベル放射性廃棄物などの貯蔵・処分施設）計画』問題は、昨年二月二十六日に『貯蔵工学センター計画』を白紙に戻して新たに『深地層試験場』を科学技術庁と核燃料サイクル開発機構が提案して、一気に緊迫した状況を迎えています。

七月二十四日に行なわれた道北幌延集会には、五〇〇名を超える住民が結集し、トラクター・漁旗をつらねたデモ行進にて、核抜きを定めた条例の制定が何の役にも立たないことを訴えました」（一九九九年九月号）。

上関では環境影響調査書説明会を中止に

一九九九年五月十五日、中国電力が山口県上関町の町民体育館で開催しようとしていた上関原発計画に伴う環境影響調査書の地元説明会を、反対運動は中止に追い込んだ。「原発に反対し上関町の安全と発展を考える会」の河本広正さんが報告している。

「『上関原発を建てさせない祝島島民の会』は午前四時、漁船四〇隻に乗って体育館まえに到着。町内外のメンバーと合流した後、『原発絶対反対』などと書いたのぼり旗を持って抗議行動を展開。体育館に向かう道路をふさぐように約四〇〇人が座り込み、地元推進派の説明会参加者の入場を完全に阻止した。

推進派を乗せた大型バスが二回ほど来たものの、車内より一歩も出ずに責任者がマスコミに訴えるのみ。にらみあいがつづく中、中電は午後四時一五分、ついに開催を断念し、中止を発表した」（一九九九年六月号）。

同年九月二日に上関町、八日に柳井市で、環境影響調査書に関する公聴会が山口県の主催で開かれた。反対派からも発言に立ち、「原発いらん！山口ネットワーク」の高島美登里さんが、希少動植物の調査不備を訴えた。

「希少動植物の中で特に注目を集めたのが、八月二十三日に中電の補完調査で埋め立て予定地内から発見されたヤシマイシン、ナガシマツボをはじめとする新種・希少種の貝類である。

また、環境保護動物のスナメリ（クジラの一種）についても中電の調査書には記載がなく、祝島漁協が独自で目視調査を実施し棲息を確認、中電も再調査せざるをえなくなっている」（一九九九年十月号）。

二〇〇〇年～二〇一〇年　新たな時代状況

グリーン電力で開催した全国集会（2009年10月3日、東京・明治公園）

概要

二〇〇〇年代に入ると、芦浜、珠洲、巻など長く続いた原発新設反対運動が功を奏し、次々と計画断念に追い込んだ。経済産業省の中からも事務次官を筆頭に従来の政策を変えようとする動きが出てきた。

芦浜原発計画が白紙に戻った同じ二〇〇〇年二月二十二日、日本原子力発電は福井県と敦賀市に敦賀原発3、4号機増設の事前了解願いを提出した。とはいえ、社長自身が「八千三百億円を投じて建設する原発の電気が売れない恐れがある」と、四月二十四日づけの日本経済新聞で述べている。同年八月二十一日には中国電力島根原発3号機、十月二十日には北海道電力泊原発3号機の建設着手が、電源開発調整審議会で認められた。もっとも、電力業界筋は「もろ手をあげて喜ぶわけにはいかないというのが関係者の一致した見方ではないか」と、八月二十八日づけ電気新聞のコラムで言う。

珠洲原発計画「凍結」を受けた二〇〇三年十二月八日づけ電気新聞の記事には、「発電所の建設が安定供給につながるという発想が変わった」とする資源エネルギー庁職員の言葉が紹介されている。経済産業大臣官房のコメントは、次のようなものだ。「供給力を増やし量を賄うより、この先は需給の質を高めることにシフトする」。

時代状況は明らかに、これまでと一変したのである。

原子力政策も、ゆっくりとではあれ、従来の硬直したものから変化が始まっている。「原子力長期計画」から「原子力政策大綱」への転換が、その象徴と言えよう。日本で原子力開発がスタートして五十年の二〇〇五年十月十一日、原子力政策の基本となる「原子力政策大綱」が原子力委員会により決定された。従来の「原子力研究開発利用長期計画」との違いは必ずしも明確ではないが、「原子力委員会がビジョンとはいえ民間の長期計画自体を示すのはおかしいのではないか」「国が示すべきは民間活動の許容空間を示す方針・大綱的なものであるべき」とする近藤駿介委員長の思いからの命名なのだろう。

他方で、高レベル放射性廃棄物の処分について定めた「特定放射性廃棄物の最終処分に関する法律」が二〇〇〇年五月三十一日に成立し、十月十八日には処分実施主体として原子力発電環境整備機構（NUMO）の設立が認可された。〇二年十二月十九日、NUMOが処分場候補地の公募を開始。以来、交付金欲しさに首長が手を挙げるがたちまち反対の声があがって断念という形が繰り返される。公募開始から四年経った〇七年一月二十五日には高知県東洋町長による応募が初めて受理されたが、リコールの動きの中で町長が辞任しての四月二十二日出直し選挙で応募反対の新町長が圧勝。翌二十三日に応募は取り下げられた。

二〇〇〇年十一月十六日、北海道幌延町への深地層研究所の立地で核燃料サイクル開発機構（機構）と道・町が協定を締結した。同月十六日、処分研究は「進める必要がある」が放射性廃棄物の持ち込みは「受け入れ難いことを宣言する」条例案を道議会で可決したうえでの協定締結である。幌延町議会は五月十一日、放射性廃棄物の持ち込み拒否と研究推進をうたった条例案を可決している。〇三年七月十一日、着工を強行。〇五年十一月九日に主立坑の建設が始まった。

二〇〇二年七月八日、岐阜県瑞浪市で超深地層研究所の形だけの着工式が、核燃料サイクル開発機構によって行なわれた。〇三年七月十八日、主立坑が着工。

二〇〇一年五月二十七日、刈羽村の住民投票がプルサーマル反対の村民世論を明確にした後、政府と電力業界・原子力産業界は、改めてプルサーマル推進体制を強化することになった。六月一日、経済産業大臣が電気事業連合会会長と東京・関西両電力社長に抜本的対策を要請。五日、関係五省庁で構成する政府の「プルサーマル連絡協議会」が初会合を開く。十五日には電気事業連合会が「プルサーマル推進連絡協議会」の初会合を開き、原子燃料推進本部を専務理事直轄の組織に格上げすることを決定した。電力各社も、相次いでプルサーマル推進会議を設置した。

フルMOXでのプルサーマルが計画されている電源開発の大間原発は、二〇〇八年四月二十三日に原子炉設置が許可され、五月二十七日に着工した。日本初の本格的プルサーマルの開始は二〇〇九年十一月五日、玄海原発3号機でのことだった。

六ヶ所再処理工場では二〇〇五年一月二十二日にウラン試験が終了し、三月三十一日から使用済み燃料を使ってのアクティブ試験に入った。全国初の原発敷地外使用済み燃料中間貯蔵施設は、青森県むつ市に建設されることとなる。〇五年十月十九日に県、市と東京電力、日本原子力発電が立地協定に調印。十一月二十一日には、東京電力が八〇%、日本原子力発電が二〇%を出資する新会社「リサイクル燃料貯蔵」が設立された。

二〇〇一年一月六日の中央省庁再編で、科学技術庁は文部省と統合されて文部科学省に、通商産業省は経済産業省になった。経済産業省には資源エネルギー庁が存続し、その下に（実質的には対等という）原子力規制行政を一元的に行なう原子力安全・保安院が設置されている。

二〇〇二年八月二十九日、原子力安全・保安院は内部告発に基づき、東京電力が行なった自主点検の報告に不正の疑いがあると発表した。電力会社を助けるだけの行政に、不信感は大きく募った。東京電力などの不正の背景として、電気事業の自由化の進展があげられる。総合資源エネルギー調査会の電気事業分科会は〇二年十二月二十七日、段階的に電力小売りの自由化対象をひろげる報告書案をまとめた。コスト競争の激化は、原発設備利用率の「向上」を求め、定期検査間隔の拡大を強いた。電気事業自由化による電力会社の原発離れを食い止めようともくろんで、自民党・公明党の議員らが〇一年十一月八日に国会に提出したエネルギー政策基本法案は、〇二年六月七日に参議院本会議で可決・成立した。〇三年十月十七日、経済産業省がエネルギー政策基本法に基づく「エネルギー基本計画」を閣議に報告、閣議決定された

二〇〇〇年　芦浜原発計画白紙撤回

三十七年の闘争に終止符

「歴史的瞬間は、二〇〇〇年二月二十二日だった」と、「脱原発みえネットワーク」の大石琢照《たくてる》

さんは言う。この日、三重県の北川正恭知事が県議会で「芦浜原発計画は白紙に戻すべき」と表明。その日のうちに中部電力は計画を断念するとした。

「それは『芦浜原発計画の終わり』という脱原子力社会の始まりであり、同時に二一世紀のエネルギー政策への幕開けである。

知事をして『白紙』と言わしめた、筆舌に尽くせない三七年の芦浜闘争。破壊された地域を、もとあった平和な町に戻さねばならない。と同時に、この熊野灘を長く守りつづけていくことに、私たちは何の変わりもない」(二〇〇〇年三月号)。

その年の十二月二十六日、中部電力の太田宏次社長は定例記者会見で、芦浜に代わる「希望地は早く手をあげて」と述べたという。

海山町(現・紀北町)での立候補の動きを食い止めたと、同じく「脱原発みえネットワーク」の廣達也さんが報告している。

「大白浜(三重県海山町)は、一九六三年に芦浜(南島町、紀勢町)、城ノ浜(紀伊長島町)とならび、熊野灘沿岸の原発候補地とされたが、反対運動によって守られた浜だ。その大白で九〇年代の後期より原発誘致の動きが続いている。

昨年七月より『原発誘致署名』運動を展開し、昨十二月議会での誘致決議をめざそうとした。しかしながら昨夏以降、『脱原発みやま』『原発反対海山町民の会』といった反原発住民グループの誕生と、それらグループのチラシ配布や講演会といった活発な活動は、誘致推進派の十二月議会への思惑をあきらめさせることに成功した」(二〇〇一年一月号)。

使用済み燃料、六ヶ所に本格初搬入

試験用の使用済み燃料につづく本格運転用の使用済み燃料が二〇〇〇年十二月十九日、福島第二原発、東海第二原発から青森県六ヶ所村のむつ小川原港に到着した。核燃料廃棄物搬入阻止実行委員会の山田清彦さんが報告する。

「私たちは、搬入当日の本格〝初〟搬入阻止集会を全国の仲間に呼びかけ、むつ小川原港に約二五〇名が結集した。当日は厳冬期の寒さが和らぎ、雨・風の中で、青森県反核実行委員会や県内外の市民グループといっしょに、マイクアピール、替え歌、シュプレヒコールを繰り返しながら、九時半頃から搬入終了の午後三時頃まで、主催団体を変えながら阻止集会を行なった」（二〇〇一年一月号）。

使用済み燃料中間貯蔵拒否

鹿児島県の島しょ部で、使用済み燃料中間貯蔵拒否の条例制定がつづいている。「核廃棄物の中間貯蔵施設をつくらせない市町村議員住民連絡会・屋久町事務局」の星川淳さんが報告。

「種子島をめぐる使用済み核燃料中間貯蔵施設誘致問題は、二一世紀を目前にほぼ誘致拒否の民意が制した。首長および議会の反対声明にとどまらず、二〇〇〇年三月の屋久町、六月の西之表市《にしのおもてし》（種子島）、九月の中種子町《なかたねちょう》、そして十二月の上屋久町議会で核物質持ち込み拒否条例が制定され、十月には島内外から二万八〇〇〇〇人近い署名を添えた鹿児島県知事および県議会への反対

陳情が採択された。

　また、種子島での形勢不利と見た誘致派が隣のトカラ列島（鹿児島県十島村）への立地可能性を探りはじめたのに対しても、地元住民サイドで素早く署名運動を起こし、十日余りで村内外から七二〇〇名以上の声を集めて、十二月村議会で拒否条例を求める陳情採択を引き出した。中種子町で二人の誘致派議員が反対に回ったのを除けば、上記決議のすべてが全会一致である」（二〇〇一年二月号）。

上関で駆け込みの公開ヒアリング

「住民合意、土地、海、環境問題などをまったく解決することなく、駆け込みの公開ヒアリングは行なわれた」と、「原発に反対し上関町の安全と発展を考える会」の河本広正さんが怒りの報告をするのは、二〇〇〇年十月三十一日、山口県上関町体育館で開かれた中国電力上関原発計画に係る第一次公開ヒアリングのこと。

「反対派は、午前五時半過ぎからバスや漁船で続々と現地入り。約八〇〇人が体育館を見下ろす反対派の私有地に集まり、午前七時半から『つぶそう上関原発10・31総決起集会』を開いた。主催したのは『原発に反対し上関町の安全と発展を考える会』や『原発を建てさせない祝島島民の会』など四団体。

　午前九時半ごろに陳述人たちを乗せたマイクロバスが町道に現われると、道の端にいた反対派の住民がどっと道路中央へ。警察官が道を開こうとする。『放せ』『なんで掴むのか』と怒号が飛び、さらに反対派三〇〇人が会場入り口に集まり座り込んだ。反対派と警官の睨み合いが続き、けっきょく公開ヒアリングは、三時間半遅れて午前一一時五五分に始まった。

一方、昼過ぎから始まった反対派のシンポジウムは、相沢一正、飯田哲也《てつなり》、生越忠《おごせすなお》、高橋宏、藤田祐幸、水口憲哉の各氏が、それぞれの立場で上関原発の問題点を指摘、会場からは共感の拍手が鳴りやまなかった。そのすぐ下の会場では『自然豊かな上関町を』という掛け声で六〇隻の漁船が一列縦隊、整然と海上デモを行ない、シンポジウム海上からの声援に応えた」（二〇〇〇年十二月号）。

二〇〇一年　二つの住民投票

プルサーマルも原発新設もＮＯ！

二〇〇一年の年頭からあわただしかったのは、東京電力柏崎刈羽原発3号機でのプルサーマル計画だ。前年の十二月二十六日に新潟県刈羽村議会は、プルサーマルの是非を問う住民投票条例案を賛成多数で可決した。しかし新年早々の一月二日に村長が再議を表明。再議の議決には三分の二の賛成が必要で、五日の村議会では賛成多数ながら三分の二に至らず、条例案は否決された。

そのため、村民有志は直接請求での条例制定を求める。三月二十九日に本請求、四月十八日に条例案可決。村長も、もう再議を求めず、二十五日に条例は公布・施行されて、五月二十七日投票となった。うれしい結果を「柏崎原発反対同盟・刈羽村を守る会」の武本和幸さんが報告。

「五月二十七日に投票が行なわれたプルサマール計画の是非を問う新潟県刈羽村の住民投票は、反対多数で勝利しました。六月一日、新潟県知事と柏崎市長、刈羽村長は会談して東京電力にMOX燃料の装荷先送りを要請、東京電力は先送りを決定しました。

住民投票の結果は、反対：一九二五、保留：一三一、賛成：一五三三、無効：一六

反対は、有効投票数に対して五四％、有権者数に対して四七％です。

世帯数は一四〇〇余、東京電力とその関連企業関係者が三八〇人、三・七世帯に一人が原発関係者という企業城下町で、村民は、国や東京電力の脅しをはねのけ、計画反対の意思表示をしました。

プルサーマルは原発所在地だけの問題ではありません。それぞれの思いを託して全国から寄せられた反対のメッセージを書いたハンカチは一万枚を超えました。プルサーマル賛成派からは「外人部隊が村を混乱させている」と批判されましたが、自らの問題として馳せ参じていただいた多くのみなさんとの共同事業で、住民投票で反対多数を実現できたことを心より嬉しく思います」(二〇〇一年六月号)。

柏崎刈羽原発3号機用のMOX燃料は、一月十九日に仏シェルブール港を出港。抗議の中、三月二十四日に原発に運び込まれた。四月十三日には経済産業省の輸入燃料体検査に合格。しかし、上述の住民投票の結果を受けて六月一日、新潟県知事、柏崎市長、刈羽村長が東京電力に燃料装荷の先送りを要請し、同電力は実施中の定期検査での燃料交換でMOX燃料は装荷しないと決定した。けっきょく装荷されないまま、現在に至っている。

三重県海山町議会に原発誘致・反対の双方から請願が出されたのは二月。ところが、審議に入った特別委員会は八月二十二日、まず住民投票をすると決めてしまう。委員会決議を受けて町当局が提出した投票条例案を九月二十一日、議会はすんなり可決して二十七日に公布・施行となった。投票は十一月十八日。「脱原発ネットワークみやま事務局」の岡村哲雄さんが報告する。

「十一月十八日、全国的に類をみない、立地計画がない中で原発誘致の賛否を問う『住民投票』が三重県海山町で行なわれ、投票率八八・六％、誘致反対五二二五票、誘致賛成二五一二票と、有効投票の六七・五％を占めた反対派の大勝利に終わった。住民投票条例の制定から投票までほぼ二ヵ月という短期決戦であったが、町民の良識が示された。

私たちは、チラシで危険性を訴えることや街宣活動、学習会を地道に続けながら、町内全域への戸別訪問を繰り返した。日に日に反対の手応えは高くなり、投票日が最高潮に達したように感じられた。反対票が六〇％は越えるだろうと予想できたが、はるかに越えるうれしい誤算になった。

運動のターニングポイントはいくつかあった。立ち木トラスト、漁業者の立ち上がりなど、まるで一つのドラマを見るような感じであった。

私たちは、町を二分する骨肉の争いにならないようにと神経を使いつつ運動を進めた。反対グループは独自の活動を尊重しつつ、当初立ち上がった反対運動四団体に途中参加の漁師の三団体を加えて一年足らずの期間に三〇回以上もの連絡会を持った。時にはこの七団体が合同で講演会や決起集会を開催し、一枚岩ぶりを町民にアピールした。投票日の四日前に海山町中央公民館で行なった七団体合同の総決起集会は、町始まって以来の約一四〇〇名もの人が入場し、町の反対ムードを一気に盛り上げた（二〇〇一年十二月号）。

使用済み燃料中間貯蔵めぐり動き

青森県むつ市長による使用済み燃料中間貯蔵施設の誘致が、二〇〇一年早々から具体化しつつあることに、同市で農業を営む中嶋寿樹さんが反撃を宣言する。

「青森県むつ市の杉山市長の、誘致への〝つるの一声〟が報道されたのが、昨年八月三十一日。十一月二十九日に市長は東京電力に、中間貯蔵施設の誘致への調査依頼を申し出た。断じて許さない思いの人々が集まり、望まぬものはノーと言い、いろいろな人々の話を聞き、何が良くて何が悪いかを学び、旗を掲げ、励ましあいながら活動している団体。そんな団体が生まれた。

市民の疑問や不安感を無視し、一月三十日には市内に東京電力現地事務所が開設された。これから豊富な資金を使って市民の口を封じようとしてくるのだろうが、むつ市民はおとなしく従うほどお人好しではない」。

使用済み燃料の搬出抗議

使用済み燃料を六ヶ所再処理工場に向けて搬出することに、各地で抗議行動が続けられている。北陸電力志賀原発からの搬出について、石川県の多名賀哲也さんの報告。

「六月三十日、豪雨の中、羽咋《はくい》郡市勤労協連合会と七尾鹿島平和センターの二〇〇名が、原発の周辺をデモ行進し、『青森に押しつけるな』と訴えた。その直後の七月二日早朝、専用輸送船『六栄丸』が入港し搬出作業を開始したことが判明。同船は昼過ぎに出港した。県平和センターは、緊急声明を発表するとともに、現地行動はとれなかったが、午後から原水禁行進の金沢での参加者二〇〇名が、抜き打ち搬出に抗議する集会決議を行ない、市内をデモ行進した」（二〇〇一年八月号）。

泊原発からの搬出に抗議した行動の報告は岩内原発問題研究会の斉藤武一さん。

「七月四日朝八時、北海道電力の泊原発を見渡せる岩内町の海岸に、全道各地から数時間をかけ、労働団体や市民団体が続々と集まってきました。その数、六〇団体、八〇〇人。抗議集会が始まる頃には急に陽射しが強くなり、前夜の雨で湿っていた砂浜からはもうもうと水蒸気が上がりだしていました。ちょうどその時、運搬船『六栄丸』が、日本海の時化の影響で予定より一日遅れて、泊原発専用港に入港してきました。

各団体のアピールの後、参加者は、炎天下のもと汗だくになりながら岩内の市街地を二キロほどデモ行進し、使用済み燃料の搬出抗議と、着々と準備工事が進む3号機の建設反対を訴えました」（同上号）。

「能登原発・命のネットワーク」結成

「原発事故に備えて住民自らの力で命と安全を守ろうと、『能登原発・命のネットワーク』の結成総会が三月十日、石川県羽咋市の労働会館で開かれました」と、反原発新聞石川支局の多名賀哲也さんが報告。

「能登（志賀）原発の周辺の五〇の小中学校には、県教祖の資金で放射線検知器『R - DAN』が配置され、隣接の羽咋市も、小中学校と保育所にヨウ素剤と放射線測定器『はかるくん』を配備しています。しかし休日や夜間も含めた監視体制を住民側で持たないと、緊急時には対応できません。このため羽咋郡市勤労協連合会と『命のネットワーク』準備会は、昨秋から結成を呼びかけてきました。

能登原発の周辺の一市六町には、他の原発現地と同様に『原子力立地交付金』が、各家庭に交付されています。脱原発の思いを示し自らの安全を守るため、この給付金を拠出し、ヨウ素剤と測定器の購入・配備をすすめようというものです。

現在、一五〇世帯、六九〇人が加入し、すでにヨウ素剤六日分の約八〇〇〇錠を全会員に配布しました」（二〇〇一年四月号）。

二〇〇二年　東京電力トラブル隠し

「安全性」の前提が崩れていた

二〇〇二年八月二十九日、原子力安全・保安院は内部告発に基づき、東京電力が行なった自主点検の報告に不正の疑いがあると発表した。三つの原発の計一三基で、炉心シュラウドのひび割れやジェットポンプの摩耗などを隠蔽していたもので、同日、東京電力も記者会見で事実と認めた。原発の安全性をうんぬんする前提が、完全に崩れていたのである。隠していたのは、東京電力だけではなかった。不正は、他の電力会社の原発でも次々と見つかった。自主点検だけでなく、法廷の定期検査でも恒常的な偽装までが発覚した。

九月十二日の緊急集会に続き、十月十日には「国・東電などの事故隠しを許さない10・10全国集会」が、東京の日比谷公会堂で開かれ、二五〇〇人が結集した。原水禁事務局の井上年弘さんが報告する。

「民主党の小林守議員からは、超党派の『原子力安全規制の確立を求める議員の会』の結成と、国会で規制と推進の分離を求めていくことが話され、社民党の保坂展人《のぶと》議員からは、原発への立ち入り調査などの報告がなされた。

集会は、『傷つき原発』の停止や維持基準の導入反対、データの公開などを求めた集会アピールを採択し、経済産業省、東電本社へ向けて怒りのデモを行なった」（二〇〇二年十月号）。

瑞浪超深地層研究所着工

二〇〇二年七月八日、岐阜県瑞浪市に核燃料サイクル開発機構がすすめる超深地層研究所の着工式が強行された。「核のごみから土岐《とき》市を守る会」の永井新介さんが怒る。

「当日は市民団体四〇名程度の反対行動に対し一〇〇名以上の核燃料サイクル開発機構の職員が警備にあたり、物々しい雰囲気であった。市民団体が核燃、瑞浪市への抗議文を手渡すに際し、瑞浪市職員が応対せず、市民団体のメンバーがフェンスを乗り越えて直接手渡す場面もあった。市民団体からの抗議の中、セレモニーは三〇分程度で終了した」（二〇〇二年八月号）。

「スソ切り問題連絡会」発足

放射性廃棄物の一部の規制を解除する「スソ切り」に反対する運動を広げようと二〇〇二年三月十六日、東京の早稲田奉仕園で「放射性廃棄物スソ切り問題連絡会」の発足集会が開かれた。「核のごみキャンペーン関西」の滝沢厚子さんが報告する。

「参加は一五都府県五五名でした。はじめに岩手県滝沢村で医療用放射性廃棄物処理施設の反対・監視行動をしている永田文夫さんと、反原子力茨城共同行動の根本がんさんの現地報告がありました。記念講演は、原水禁副議長で埼玉大学名誉教授の市川定夫さんでした。

運動を広げていくため、連絡会ではスソ切り問題が一目でわかるリーフレットを作成しました」（二〇〇二年四月号）。

泊3号増設に反対し「市民公開ヒアリング」

北海道電力泊原発3号機の増設計画に対し、脱原発の対案をぶつける「市民による公開ヒアリング」を開催した、と北海道平和運動フォーラムの戸田利正さんが報告している。

「十一月二十一日、北海道札幌市で多数の市民の参加のもと、『泊原発3号機・市民公開ヒアリング』が開催された。これは、道民の多くの反対の声を押し切り、翌日に後志《しりべし》管内泊村で開催されようとしていた泊原発3号機の増設に係る第二次公開ヒアリング（原子力安全委員会主催）に抗議するもので、『脱原発・クリーンエネルギー』市民の会と、北海道平和運動フォーラムが主催した。

長谷川公一・東北大学大学院教授による『原子力も温暖化もない未来社会へ』の講演、また、かつて原発建設の技術者として福島原発等の建設に携わった菊池洋一さんによる欠陥工事だらけの原発の実態報告が行なわれ、その後はさまざまなテーマに沿って、市民からの告発、提案、報告等がなされた」（二〇〇二年十二月号）。

二〇〇三年　原発の終わりの始まり

巻原発計画・珠洲原発計画が終結

東北電力は十二月二十四日、臨時取締役会を開き、新潟県巻町に建設しようとしてきた巻原発の計画を撤回することを正式に決定した。同じ月の五日には、石川県珠洲市に関西・中部・北陸の三電力が共同立地の計画を進めてきた珠洲原発計画の「凍結」が、三電力から珠洲市に伝えられた。事実上の断念である。

巻原発の計画白紙撤回について、「原発のない住みよい巻町をつくる会」の桑原正史さんが経過を述べる。

「十二月二十四日、東北電力が新潟県の平山知事に『巻原発計画を断念する』ことを伝えました。

ついに、巻町住民の前方に光が見えてきました。

巻町では『原発反対』の総意が示された住民投票のあとも、国や東北電力や町内の推進派が計画を推進する姿勢を示しつづけました。これではいつまでたっても問題が解決しないとみた笹口町長は、九九年八月に1号炉の炉心予定地に隣接する町有地七四三平方メートルを原発反対派の町民二三人に売却しました。ところが、推進派はこれを違法として二〇〇〇年五月に新潟地裁に提訴しました。この裁判は〇一年三月に新潟地裁で、〇二年三月には東京高裁で『売却に違法性はない』という判決が示されました。推進派は上告受理を申し立てましたが、最高裁は〇三年十二月十八日にこれを『受理しない』ことを決定しました。

《電源開発調整審議会認可・電源開発基本計画への組み入れ・原子炉設置許可申請書の提出》にまで進んだ巻原発計画が、どたん場のどたん場で声を出しはじめた『ふつうの市民』の力によって白紙撤回に至ったことの意味はきわめて大きいと思います。

夢を捨てることはありません。各現地で闘っているみなさん、住民は、いつも息をひそめて、みんなが参加できる運動を待っています」(二〇〇四年一月号)。

珠洲原発の「凍結」については、珠洲原発反対ネットワークの北野進さんが解説する。

「十二月五日午前九時、関西電力、中部電力、北陸電力の三電力社長は石川県珠洲市を訪れ、貝蔵市長らに珠洲原発の《凍結》を伝えた。事実上の断念であり、ここに珠洲原発計画は、二八年の歴史に幕を閉じることになった。

電力三社は《凍結》の理由として、電力需要の低迷、電力市場の自由化、そして地元事情をあげている。電力会社自らの経営判断で断念に至った初めてのケースと言われるが、立地可能性調査を拒否し、共有地運動も展開し、数多くの選挙戦を通じて反原発の輪を広げていった私たちの運動が電力会社初の経営判断を促したのは間違いない」(同上号)。

「もんじゅ」設置許可無効判決

二〇〇三年一月二十七日、高速増殖炉「もんじゅ」の設置許可処分無効確認訴訟で、名古屋高裁金沢支部は一審判決を破棄し、許可処分の無効を言い渡した。「『もんじゅ訴訟』原告団」の小木曽美和子さんが判決を評価する。

「国の主張を丸呑みした一審判決とは対象的に、控訴審は、国の主張をことごとく退け、完全な逆転判決となった。論旨はわかりやすく、明快で説得力のある市民感覚にあふれ、深い見識を示した判決であると、原告団は高く評価している。

提訴から一七年半をかけた原告完全勝訴の判決は、国の原子力長期計画の根幹を揺るがす内容であり、衝撃を受けた国はとりあえず上告し、論戦は最高裁に移った」(二〇〇三年二月号)。

むつ市で使用済み燃料中間貯蔵施設めぐり住民投票条例制定運動

二〇〇三年六月二十六日、青森県むつ市長は、使用済み燃料中間貯蔵施設の受け入れを正式に表明した。反対市民は住民投票条例の制定運動でブレーキをかけようとした。「むつ市住民投票を実現する会」の野坂庸子さんが訴える。

「一方的に、短い期間で進められていくことに、市民の声が押しつぶされそうです。一人ひとりの声を受け止めたい、そのためには住民投票しかない。そんな思いで住民投票条例の制定運動を始めました。

中間貯蔵施設は、むつ市だけの問題ではありません。これからの原発の行方を決める大事な問題です。ここで原発のことを国も国民みんなも、自分の問題として考えなければならない時期に来ていると思います。中間だけでなく、永久貯蔵のこともです」(二〇〇三年七月号)。

しかし八月十七日、むつ市に直接請求された条例案は、九月十一日、むつ市議会で否決される。

「核の中間貯蔵施設はいらない!下北の会」の稲葉みどりさんが報告する。

「六月終わりから取り組んだ請求署名は、法定数の七倍に迫る五五一四名という数となった。組織に頼らなかったことや、市民に土建業者や自衛隊員が多いことから、有権者の一四%に届くこの数は予想以上のことと、私たちは嬉しく思っている。

私も受任者として、連日、署名を求めて個別訪問をした。地域によっては八割が署名に応じ、仕事の都合で署名はできないが気持ちは同じという人々もたくさんいて、多くの市民が中間貯蔵施設の誘致を望んでいないことを、改めて確認できた。

採決当日の傍聴席は、早朝七時から並んだ建設会社社長と東京電力職員によって占められ、私たちは誰一人、傍聴することができなかった。商工会長をはじめ建設業社長らが睨みを利かせる中で行なわれた起立採決は、恫喝的な野次の飛ぶ、ひどい雰囲気であったようだ」(二〇〇三年十月号)。

「深地層研究センター」着工に怒りのデモ。2003年7月10日。

幌延「深地層研究センター」着工

「核燃料サイクル開発機構は七月十一日、北海道幌延町で『深地層研究センター』の着工を強行しました」と怒るのは、「核廃棄物施設誘致に反対する道北連絡協議会」の鷲見《すみ》悟さん。

「一九八四年八月に、機構の前身である動燃事業団が『貯蔵工学センター』計画を発表して以来一九年目にして、名前と名目を変えながら、高レベル放射性廃棄物を地下深く埋設する『地層処分』のための研究施設を具体化したものです。

二〇〇〇年に堀知事は、『核抜き』を条件にして、道民の多くが反対する『深地層研究所』計画の受け入れを表明し、道議会で押し切りました。

七月十一日の着工も、岐阜県東濃地区の

『超深地層研究所』計画と歩調をあわせることと、幌延町にとっては、着工を前倒しすることで電源三法の適用時期を早めることが目的でした」（二〇〇三年八月号）。

台湾への原子炉輸出に抗議

「六月十三日、市民団体が『被爆地広島から原発を輸出するな！』と海上抗議行動を展開するなか、台湾第四原発に向けて呉港から1号機の原子炉（日立の圧力容器、東芝の再循環ポンプつき）が積み出された」と、「ノーニュークス・アジアフォーラム・ジャパン事務局」の佐藤大介さんが報告している。「台湾の人々との連携・協力を続けよう。それは輸出国の私たちの『責任』でもあると思う」（二〇〇三年七月号）。

二〇〇四年　美浜3号一一人死傷事故

使用済み燃料中間貯蔵めぐり動き

使用済み燃料の中間貯蔵施設計画で新たに誘致の動きがあったのは、宮崎県の南郷町。二〇〇四年三月十一日の町議会全員協議会で、九州電力に立地可能性調査の要請をしたいという町長の考えを賛成一〇、反対五で了承した。たちまち町内や近隣の市や町からの反対が巻き起こり、十五日の議会で要請中止が決議されている。隣接する「日南《にちなん》市死の灰から子ども達の未来を守る会」の宝蔵《ほうぞう》俊二さんが報告。

「秘密裡に事がすすめられてきたことと、あまりの素早さに、私たち日南市民は危機感を募らせていたところ、九電への調査要請に異議を唱えた町会議員の一人から、他の議員も集めて会いたいとの連絡を受けました。そこで、串間原発阻止運動で築き上げた連絡網をフル活用し、串間市、宮崎市、綾町など、これまで串間原発や小丸川揚水発電所鉄塔の建設問題にかかわってきた人びとと連絡を取り合いました。

一方、十五日の南郷町議会では、十一日の議決に反対した議員による、賛成議員に対する必死の説得が功を奏し、四人の説得に成功。緊急動議で『立地調査の現時点での申し入れ中止』案を提出、賛否は一転し、九対六で調査要請の議決は撤回されました。誘致決議からわずか四日後の逆転劇でした」（二〇〇四年四月号）。

それでも町長らは誘致の意向を翻さない。宝蔵さんの報告がつづく。

「使用済み核燃料貯蔵施設の九州電力への調査要請が行なわれようとした宮崎県南郷町では、良識ある議員たちが要請撤回を決議しましたが、その九日後に町は職員と区長に対する説明会を開始しました。四月になると、『立地可能性調査は行政や町長が行なう』といった内容や、プルトニウムは飲んでも平気と解釈される記事を町民に回覧。五月上旬には、原発地域のメリットを載せた豪華な広報誌を全戸に配布しました。

一方、町の農業者も声をあげ始め、十三日の農協和牛部会総会の反対決議を皮切りに、十八日には農業リーダー協議会で反対決議、十九日には全農家でつくる反対組織『ＪＡはまゆう南郷地区部会・組織代表者会議』が発足。また、二十一日から、町内外の住民が連帯し、宮崎市、南郷町、日南市で、京都大学原子炉実験所の小出裕章氏を招いて市民学習会を行ないました。この学習会に対して町は、同時刻に歌謡ショーを企画、また、二十九日には、九州産業大学の的場優氏を講師に講演会を開催しました」（二〇〇四年五月号）。

六月二十三日、南郷町議会は「白紙撤回」の陳情を採択。三月二十二日に結成された「南郷町の自然と子供達の未来を守る会」の野川喜美子さんが報告している。

「推進派の方々は、調査や勉強の機会まで奪うとは何ごとかと怒り、反対運動を展開する私たちを批判されたが、私たちは、調査は誘致の第一歩であるとの認識を持ち、六月十日には町議会宛に『調査・検討含めて全て白紙撤回を求める陳情書』を提出した。漁業者と建設業協会からは、推進の立場での陳情書が提出された。二十三日、傍聴席で双方の住民が見守る中、『白紙撤回』が採択された。

町長は、この期に及び、町長の諮問機関『戦略会議』の委員の意見を聞いた上で態度決定するという。まるで議会の上に諮問機関があるかのような発言には驚くばかりだが、私たちは今後も安心することなく、監視の目を持ち続けていきたいと思っている」（二〇〇四年七月号）。

三月十九日には和歌山県御坊《ごぼう》市議会が行政問題調査委員会設置の議員提案を可決したが、同委員会では誘致を打ち出せず、六月九日に委員会は廃止。同月三十日の議会で貯蔵施設誘致の調査研究をする特別委員会設置の議員提案を可決した。

三月二十四日に福井県小浜市議会が誘致推進を決議したが、市民は誘致反対の市長を七月二十五日に再選させることで答えた。五月に島根県西ノ島町の町長や町議らが茨城県東海村を視察、誘致を表明しようとする動きに町議の一人が反対を呼び掛け、町役場に抗議が殺到した。「島根原発増設反対運動」の芦原康江さんが報告。

「『隠岐が核のゴミ捨て場になる？』との知らせには多くの町民が驚き、怒りました。連日にわたって、町役場には島内外からの抗議の電話とファックスが殺到し、都会からIターン移住してきた人たちからは『詐欺だ』との抗議も寄せられました。

その、あまりにも大きな怒りの声に、町長は、ついに六月十一日、全住民に対して『断念する』と発表せざるをえませんでした。そして、住民が要求した『放射性廃棄物等の持ち込み及び原子力関連施設の立地拒否に関する条例』も七月一日、議会で可決されました」（二〇〇四年七月号）。

六月九日には福井県美浜町長が議会で誘致の意向を表明。七月十四日に町議会は誘致推進を決議した。「反対は私一人だった」と町議の松下照幸さん。

「決議は、六月議会での美浜町長の誘致表明を受けた判断であったが、先に行なわれた近隣の小浜市議会の誘致決議を意識して、緊急に仕組まれたスケジュールであった。

私自身は、原子力発電所の運転年数を四〇年などと明確化し、古いものから徐々に止めていくべきことを主張している。そして、再処理工場の一時凍結と核燃料サイクルの見直しを中間貯蔵施設の誘致決議に盛り込むように要求し、美浜町で生み出した使用済み核燃料のみを美浜町に誘致される貯蔵施設で保管すべきことを訴えた。それが受け入れられるのであれば、私は皆さん（他の議員）と共に賛成に立つと明言したが、残念ながら私の主張は、正面から受け止められることはなかった」（二〇〇四年八月号）。

十五日に町長が関西電力に立地調査を申し入れ。関西電力は「立地は福井県外で」の方針をあっさり転換して検討を表明したが、福井県の西川一誠知事はなお県内立地に否定的である。この誘致話も、八月九日の美浜原発3号機配管破断・一一人死傷事故でストップしている。

美浜原発3号機で二次系配管が破断

八月九日午後三時二十二分頃に起きた関西電力美浜原発3号機での二次系配管破断・一一人死傷事故は、改めて原発で働く人たち、周辺住民、そして広く社会全般に、原発が抱えている危険性を教えた。原子炉の熱で水蒸気をつくってタービンを回し発電機を回すというのが原子力発電のしくみだが、蒸気は再び水に戻されて再使用される。美浜3号機では、この水が通る配管の厚みが減っていて、一気に破れたのだ。配管は、もともと肉厚一〇ミリの炭素鋼製だったが、事故後の調査で最も薄いところではわずか〇・三ミリにまですり減っているのがわかった。配管の中を流れる水の渦巻きのような流れや気泡を含んだ流れなどによって配管が浸食される作用と、腐食（さびの生成）とが交互に起こり、配管内部から肉厚を減少させるエロージョン／コロージョンと呼ばれる劣化現象が進んだためである。いつ破裂してもおかしくない状況だったのだが、この箇所については運転開始以来、肉厚の検査は一度も行なわれていなかった。

冷却水は水と言っても約一四〇度の高温で、一〇気圧近い圧力をかけて気化しないようにしている。噴出すると蒸気になって、近くで働いていた下請け会社の社員一一人に襲いかかった。死者は五人にのぼり、六人が重い火傷を負った。

「事故後も関電保有の同型炉は一一基のうち八基が運転をつづけたが、全原発を停止しての総点検を求める県民世論は、抑えることができなかった」と、「原子力発電に反対する福井県民会議」の小木曽美和子さん。

「西川知事は県民の声に押され、『書類上の点検では、県民は安心しない。全原発を止めてでも点検を』と強く求めた。その結果、関電は、しぶしぶ三グループに分けて停止、点検に入ることにした」（二〇〇四年九月号）。

六ヶ所再処理工場のウラン試験中止を求めて

六ヶ所再処理工場のウラン試験中止を求めて、青森県庁前でリレー・ハンストが行なわれた。六ヶ所村の菊川慶子さんが報告する。

「七月二十日から一週間、青森県内の有志四人が県庁前で、再処理工場のウラン試験中止を求め、リレー・ハンガーストライキをしながら、通行人の署名を集めました。あえて会を作らず、みんなが主役のアクションを、と呼びかけたものです。

使用済み核燃料・直接処分の試算隠しが発覚したにもかかわらず、日本原燃、六ヶ所村、青森県、それぞれが主催する住民説明会が二十日から県内各地で開かれ、一気に押し通して既成事実を作ってしまおうという雰囲気の中で、危機感を募らせてのハンストでした。

チラシの受け取りや通行人の反応もよく、最終日までに一一二人の署名が集まり、『ウラン試験の安全協定締結中止』の要望書とともに、三村知事に提出しました」（二〇〇四年八月号）。

十一月六日には青森市の青い森公園で、「ウラン試験を許さない一一・六止めよう再処理!』全国集会」も開かれ、二三〇〇人が参加している。

原発震災を防ぐ全国交流集会

二〇〇四年十一月二十日から二十一日にかけて静岡市で、「原発震災を防ぐ全国交流集会」が原水禁国民会議、原子力資料情報室と、「原発震災を防ぐ全国署名連絡会」の呼びかけで開催された。全国署名連絡会の東井怜さんが報告。

「第一部は、静岡の地面の下をよく知る人〔地質学者の塩坂邦雄さん〕と原発をよく知る人〔元GE技術者の菊池洋一さん〕のお二人を迎え、浜岡原発裁判弁護団長、河合弁護士の元気いっぱいの進行で、『原発は激震に耐えうるのか』をテーマにシンポジウム。休憩を挟み、地元住民を代表して伊藤実さん、静岡市議で原告の佐野慶子さん、全国署名連絡会代表の庄司静雄さんを迎えてどうやって原発震災を回避するかで熱い討論。終了後、第二部の市内パレードへ。第三部の懇親会と続いて、翌日はバスで浜岡原発へ。全国からの参加者を見送った後、地元の皆さんと交流、今後の取り組みにつき意見交換し、五部にわたる盛り沢山の予定を終了した」〔二〇〇四年十二月号〕。

日本原電前に立ちつづける

二〇〇四年七月二日、日本原子力発電が福井県敦賀市で敦賀原発3、4号機増設のための測量工事を開始した。それに抗議して、一人立ちつづける人がいた。敦賀市の太田和子さんだ。「増設によって破壊される礫浜は、『阿弥陀見《あみだみ》』と呼ばれる。昔はこの浜に阿弥陀如来像が流れ着き、立石・海安寺の本尊として祀ったことの故事による。

原発によって被害を被るのは人間だけではない。すでにおびただしい数の動植物が住処を追われ、また、死んでいった。私の反原発も今年で四〇年となるが、とうとう松の木一本、カニ一匹の生命も救えず人生も終わりに近づいた。

原発建設によって犠牲となった物言えぬ動植物のせめてもの供養の気持ちも含め、私は今、『埋立ないで阿弥陀見の浜』の幟旗を持ち、日本原電敦賀地区本部前に毎日立ちつづけている」（二〇〇四年九月号）。

二〇〇五年　上関海戦

使用済み燃料、高レベル廃棄物拒否の条例制定

使用済み燃料中間貯蔵施設の誘致をめぐって混迷のつづいていた宮崎県南郷町で二〇〇五年三月十一日、「放射性廃棄物等の持ち込みと原子力関連施設の立地を拒否する条例案」が町議会で賛成一三、反対二により可決成立した。「南郷町に核施設をつくらせない会」の古澤幸弘さんが報告する。

「奇しくも、南郷町における使用済み燃料中間貯蔵施設調査研究を、昨年三月十一日の議員全

員協議会で可決してから、ちょうど一年目にあたります。

昨年は三月十五日、議会本会議最終日の議員提出案による『調査研究凍結』の逆転議決で急場はしのぎました。その日の夜開かれた学習会で、私はインターネットで入手した屋久町条例文をコピーしたものを配布し、反対の声をあげ、たくさんの方の賛同が得られました。

それからは必至で闘いました。しがらみで動けなかった人間が、一度走り出せば、もう止まりません。反対運動を始めて約一〇〇日後の六月二十三日に、議員提出案で議会は全会一致で白紙撤回を表明しました。そして今回の条例制定。はっきり言って、出来過ぎです。奇跡だと思います」(二〇〇五年四月号)。

同じ三月の二十八日には鹿児島県の笠沙町《かささ》(現・南さつま市)でも、同様の条例案が町議会の全会一致で可決成立した。同町の無人島に一月、突然高レベル廃棄物処分場誘致の動きが表面化した町だ。「自然の灯をともし原発を葬る会」の小川美沙子さんが報告していた。

「発表当日の一月七日、私も町長への抗議申し入れ文を携え、笠沙町に走った。自治労職員は赤い腕章で無言の抗議。漁協も申し入れ。大漁旗、のぼり、『核燃処分地反対!　宝の海を汚すな!』のゼッケンでシュプレヒコールを繰り返した。既に共産党も申し入れ。県と地区の平和センターのメンバーも駆けつけ、多数の議会傍聴者が聞き入るなか、議員の全会一致の白紙撤回決議を突きつけられた町長は残念そうに『白紙撤回!』を表明。検討発表から実に三日後、処分地誘致のお騒がせはスピード解決した」(二〇〇五年二月号)。

町条例は、だめ押しである。

上関で海底ボーリング調査阻止

中国電力は二〇〇五年六月二十日、山口県上関町に建設を計画している上関原発の原子炉設置許可申請のための海底ボーリング調査に着手すると発表した。この日から始まる阻止行動を「原発いらん！山口ネットワーク」の三浦翠さんが報告する。

「六月二十日。この日早朝から祝島漁協では、漁船約五〇隻で警戒に当たった。同漁協は、他の七漁協が中電とすすめた漁業補償交渉に加わらず、補償金を受け取っていない（祝島漁協不参加のまま進められた交渉により二〇〇〇年四月二十七日に共同漁業権管理委員会は中国電力との漁業補償契約に調印）。海を売っていない祝島の漁場を奪う権利は、中電にも県にもないはずだ。

このストレートな怒りが、祝島の人々と、陸地から応援した三団体（上関町民の会、山口県原水禁、山口ネット）を固く結んだ感動的な闘いの三日間でした。

二十一日。ボーリングの足場となる台船二台を移動させないよう、午前二時半から祝島の漁船五〇隻が、船と船を横につないで取り囲む。海上保安庁の船が一六～一七隻。台船を見下ろす道路に祝島の陸上部隊、三団体が陣取って、マイクで応戦。中電の作業船団は、台船を曳航するための曳船二隻、作業船二隻、それに、海を売った七漁協から中電に雇われた警戒船が約一〇隻。台船に近づこうとしては阻まれて引き返し、この日は午後三時過ぎで退去。

二十二日。前日と同じ布陣。午後一一時過ぎ、中電の作業船が突っ込んできて作業員数名が台船にのぼる。祝島の数人（うち一人は女性）も、軽々と台船に。作業中止を求めるも、中電は応じず。膠着状態のまま、午後六時過ぎ、中電は作業員と警備員を台船上に残して退去。台船では祝島の人と作業員らがともに夜を明かす。

二十三日。午後一一時過ぎ、中電が台船に突入。祝島の一人は台船上のやぐら、一人は台船の脚にロープで体を縛る。海上保安庁は危険な状況として、この日の作業中止を提示。祝島側も、高齢者が多いことから気力体力ともに限界だとして引いた。翌二十四日、台船は予定地沖に運ばれてしまったが、次の闘いの確実なステップとなった」(二〇〇五年七月号)。

六ヶ所再処理工場稼働中止を都民にアピール

二〇〇五年十一月、六ヶ所再処理工場の試運転入りにストップをかけようとする連続的な取り組みが行なわれた。「止めよう再処理!青森県実行委員会」の今村修《おさみ》さんが報告している。

「青森県六ヶ所村に日本原燃が建設した再処理工場の本格的な稼働実験(アクティブ試験)と操業開始を中止させるため、十一月十六日から十八日まで、経済産業省資源エネルギー庁前での座り込み、政府と青森県への署名提出、また経済産業省・電気事業連合会との交渉、国会議員への要請行動、国際連帯集会、十九日の日比谷野外音楽堂での全国集会が、原水爆禁止日本国民会議、原子力資料情報室、グリーンピース・ジャパン、止めよう再処理!青森県実行委員会などで組織する『止めよう再処理2005共同行動』によって取り組まれた。

青森県からは、三日間の座り込みに連日約二〇名、全国集会には約一二〇名が参加し、六ヶ所再処理工場の稼働中止を訴えた。全国から集まった六四万五八〇一筆の署名は十六日、経済産業省に手渡され、〇二年の九三万筆の署名と合わせて、稼働中止を強く求めた。

十八日夜の国際連帯集会では、最近も事故を起こしたセラフィールド再処理工場の危険な実態が報告され、改めて六ヶ所や太平洋の海を汚してはならないことを決意した。翌十九日には、約二〇〇〇人が集まった全国集会の後、東京駅までデモ行進し、稼働中止を東京都民にアピールした」（二〇〇五年十二月号）。

「もんじゅ」訴訟で最高裁の最低判決

最高裁第一小法廷は二〇〇五年五月三十日、高速増殖原型炉「もんじゅ」の設置許可を無効とした名古屋高裁金沢支部の判決を破棄し、住民側逆転敗訴の最低判決を言い渡した。原告団の小木曽美和子さんが、判決の不当性を訴える。

「『原判決を破棄する。被上告人（住民）らの訴えを棄却する』。泉徳治裁判長が主文を読み上げると、原告・代理人席は驚きに言葉を失った。予想もしていなかった結末だ。『理由を言ってください』。退廷する裁判官に、傍聴席から制止を振り切って声が飛んだ。閉廷までわずか一〇秒。

南門には、傍聴できなかった抽選漏れの支援者五〇人が、土砂降りの雨の中で判決を待っていた。高裁では『完全勝訴』を掲げた吉川健司弁護士が、『不当判決』の垂れ幕を持って現われると、たちまち怒りと抗議のシュプレヒコールが最高裁を取り巻いた。

判決の後、総評会館には一六〇人の支援者が集まり、判決報告集会を開いた。壇上には『最高裁の最低判決報告』『怒』の大文字が貼りだされ、法律審であるはずの最高裁が、法律論を論ぜず、行政に丸投げした不当判決に激しい批判が浴びせられた」(二〇〇五年六月号)。

二〇〇六年　上関海戦つづく

志賀2号機に運転差止め判決

二〇〇六年三月二十四日、金沢地裁が志賀原発2号機に運転差止め判決を下した。能登原発差止め訴訟原告団の多名賀哲也さんの報告。なお、計画浮上当初の志賀原発は「能登原発」と呼ばれていた。

「三月二十四日朝一〇時すぎ、石川県金沢市の金沢地裁玄関前に中村雅代弁護士の小柄な姿が現われた。笑っている、『勝訴』の幕を掲げてる！　原発差止めを求める民事訴訟で初めて住民側が勝ったのだ！　九九年八月の提訴から六年半、八八年十二月の1号機差止め提訴から一七年余。破綻した国策に初めて、青史に恥じぬ判決が井戸謙一裁判長によって下された。

殺到する報道陣に心境を問われ、『心にかかる雲なし。この日を迎えることなく亡くなられた赤住の橋さん、富来の川辺さん、沖崎さん、市川さん、富山の埴野さん、山本さん、弁護団長の田中さんらに伝えたい』と夢中で答える。柄にもなく涙がにじむ。判決の言い渡しが終わり退廷してきた原告らが『勝訴』の幕を囲み、拍手と万歳の渦が起こる。

判決には仮執行宣言がないため、北電は運転を継続し、二十七日には名古屋高裁金沢支部に控訴した。しかし、司法が原発の耐震設計指針の問題点に正面から踏み込み、原発震災の現実性を

志賀原発２号機運転差止め判決。2006年3月24日。

明言して、原発の運転停止を命じたのは画期的である。指針はすべての原発に共通するものであり、安全審査の根幹に関わるだけに、本判決の及ぼす影響は極めて大きい」(二〇〇六年四月号)。

残念ながら判決は上級審で逆転され、結果的に敗訴が確定している。とはいえ、こうした判決が出たこと自体、電力の供給上原発は不可欠という迷信に裁判官たちがだまされなくなってきていることを示していよう。

久美浜原発計画、白紙へ

関西電力の久美浜原発計画に対して、久美浜町などが合併して二〇〇四年四月に誕生した京丹後市の中山泰市長は〇六年二月十日、事前環境調査依頼の撤回を求めたと表明した。反原発新聞京都支局の佐伯昌和さんが報告。

「申し入れでは、旧久美浜町以外の市民に原発立地の理解を求めるのは困難な上、電力需要の低迷で巨費を要する新たな電源開発も困難、さらに計画がすすんでも相当な時間がかかり、稼働まで本格的な地域振興は望めない――と、理由を述べている。

旧通産省出身の自然派、四〇代［年齢］市長の英断を地元住民はおおむね好意的に受け止めている。昨年四月に山田京都府知事も『原発はなじまない』と発言している。関西電力も三月五日、計画を断念し、近く正式に回答する意向を明らかにした」（二〇〇六年三月号）。

三月八日、関西電力は久美浜原発計画の中止を京丹後市に正式に回答した。

六ヶ所再処理工場アクティブ試験入り強行

二〇〇六年三月三十一日、六ヶ所再処理工場の〇五年度内アクティブ試験入りが、まさにむりやり強行された。青森県三沢市の山田清彦さんが決意を述べる。

「四月一日から使用済み核燃料の剪断が始まり、放射性物質の放出を事業者のリアルタイム速報で嫌々ながらも監視する生活が始まった。県民の不安を押し切ったことで、トラブル発生が事業者不信を増大させ、再処理工場を早く止める力になることを信じ、早期のストップ実現に向け、これまで以上の努力を傾けたい」（二〇〇六年四月号）。

ストップ！プルサーマルで佐賀県庁前テント村

玄海原発3号機でのプルサーマルに佐賀県の古川康知事が事前了解を与えるのを許すなと、

「県庁前テント村」が誕生した。「からつ環境ネットワーク」の三浦正之唐津市議が報告する。

「県議会の審議が本格化する前、県庁に隣接した県立図書館横の公園に三月十一日、テントを設置し、村の活動は始まった。三月十九日、市役所南公園で『プルサーマル反対！全国集会』。参加の一二〇〇人は県庁へ向けて行進。九州電力佐賀支店前でも『プルサーマル反対！』を訴える。そのまま『人間の鎖』として佐賀県庁を取り巻く。

知事は県議会中に受け入れを表明できず、『計画推進』の意見書を提出・可決させた自民党も『慎重に』と条件をつけざるを得なかった。唐津近隣の、伊万里市議会・志摩町議会からは『慎重にすべき』との意見書が知事に届けられた。佐賀県弁護士会は『プルサーマルは危険で受け入れるべきでない』とする声明を出してくれた。県議会が終わったのでテント村はここでいったん休村。

三月二十六日、佐賀市近辺の女性が核となり一万二〇〇〇人の反対署名が二週間という短期間で集められたが、知事は結果的に受け取りを拒否。二時間以上も接見を求める彼女らを職員のバリケードによって県庁ロビーから奥へは進ませなかった。翌二十七日実施の県庁前広場での抗議集会では、全出入り口に職員を並べ、敷地内立ち入り禁止に」（二〇〇六年四月号）。

上関原発調査での攻防つづく

上関原発の設置許可申請のための海域調査をめぐり、二〇〇六年も前年からの攻防が続いている。「原発いらん！山口ネットワーク」の三浦翠さんの報告。

「三月二十三日、山口地裁岩国支部は『祝島の漁業者は原発建設で生じる迷惑の受忍義務はない』との判断を示した。補償金をいっさい受け取っていないのだから、当然の判決である。これに対して中国電力は、原発建設をやめろとは言っていないと強弁し、強引に上関原発の設置許可申請のための詳細調査を続行している。

五月十二日には、祝島の漁船二〇隻が碇を打って釣り糸を垂れている中へ、中電の大型ボーリング台船を曳航したタグボートが警戒船を先頭に立てて突っ込んできて、夜を徹しての攻防となった。

さらに六月に入って、原発建設の予定地、田ノ浦の浜への仮桟橋の設置を通告してきた。祝島の人たちと山口原水禁は六月四日から泊り込み態勢に入った。

六月六日午前九時二〇分、山のように巨大なクレーン台車が砂浜に急接近。すでに砂浜にぐっさりと打ち込んであった巨大な錨に台船の両側からのびたワイヤを繋ぎ、それを巻き取りながら、浜に乗り上げようとする。一本のワイヤには繋がれたが、もう一本のワイヤには、小さな伝馬船に乗った祝島のおばちゃん三人がロープで身体を結びつけたので、台船はストップ。午後三時半までにらみあって、中電は引き上げた。

翌七日。前日に続いてのにらみあいの中、一〇時半頃、上関原発を建てさせない祝島島民の会の山戸貞夫さんが負傷する事件が起こった。ガードマン数人と、中電調査事務所の山下副所長がいきなり押し寄せてきてもみあいとなり、山戸さんは水中に倒れ、その上に山下副所長ら数人がのしかかったもの。診断の結果、山戸さんのけがは外傷性頚椎症で全治十日。

にらみあいは翌日も続いたが、激しい雨となる中、町助役が間に入り、五日間の作業中止を中電に求め、祝島側も仮桟橋については阻止行動はしないことで合意した（二〇〇六年七月号）。

柏崎刈羽原発から六ヶ所への使用済み燃料搬出に抗議

二〇〇六年八月三十日、新潟県柏崎市では、県内の反原発団体や多くの市民、周辺の住民参加のなか「使用済核燃料搬出を考える学習会」を開いて六ヶ所再処理工場への搬出が抱える諸問題を確認し、参加者一同で「搬出に抗議する決議案」を採択した。残念ながら九月十二日に搬出が強行され、六ヶ所貯蔵施設に十五日搬入されてしまったが、柏崎原発反対地元三団体の矢部忠夫さんは「今後も使用済み核燃料の搬出にはあくまで反対し、抗議しつづける決意である」と言う。

「使用済み燃料の搬出は、もともとの約束であり、地元住民感情は一日も早い搬出は当然と考えている。我々もまた、原発各サイトは早期搬出を迫る運動を展開し、受け入れ側、つまり青森側は搬入させない運動を強化することが、ひいては核燃料サイクル政策に止めを刺すことになると、かつては考えていたことも事実である。

しかし、高速増殖炉の破綻、依然として解決策のない高レベル廃棄物処分の問題、にもかかわらず再処理をする矛盾、そして、現実に起きている六ヶ所再処理工場のトラブルの数々。さらに何よりも、再処理により抽出されるプルトニウムが、いずれＭＯＸ燃料として各地の原発に戻ってくる現実を注視したとき、我々は、使用済み核燃料の再処理はとうてい認めることはできないし、その前提となる使用済み核燃料の搬出も認めるわけにはいかない。

再処理工場に不安、懸念を表明し、反対運動に立ち上がっている青森県民や岩手県、宮城県など沿岸の住民の人たち、プルサーマル強行に反対する各地の人たち、そして原発震災の起きる前に原発を止めようとする多くの全国の人たちと連帯してたたかうためにも、使用済み核燃料は、嫌でも各サイトで一時保管させるしかない」（二〇〇六年十月号）。

二〇〇七年　「原発のゴミ・全国交流集会」

東洋町で高レベル処分場立候補騒動

高レベル放射性廃棄物処分場の候補地の公募開始から四年経った二〇〇七年一月二十五日、高知県東洋町長による独断の応募が初めて受理されたが、リコールの動きの中で町長が辞任しての四月二十二日出直し選挙で応募反対の新町長が圧勝。翌二十三日に応募は取り下げられた。「東洋町の自然を愛する会女性部事務局」の廣田乃江さんが報告する。

『東洋町の自然を愛する会』の女性部を、四人の発起人で立ち上げました。呼びかけに六〇人が集まり、各地区から役員を選出して事務局体制を決めました。

会員登録は八〇名を超えて、連絡網はあらゆる情報に機敏に対応できました。一時間ほどで八〇名全員に伝わる早さでした。刻々変わる情勢に、私たちは全住民に知らせるビラとともに、きめ細かい口コミ、おしゃべりで情報を届ける役割を果たしました。女性の会で取り組んだ講演会は、すべて女性だけで企画運営し、成功させました。

四月五日、リコールが必至とみた町長が自ら辞職して、選挙に打って出ました。隣接の室戸市の元市議である澤山保太郎さんが、応募撤回を公約に立候補してくださいました。選挙中も女性は大活躍。食事をつくり、宣伝カーにも乗り、うぐいす嬢、お手振り。報道が事実をきちんと伝えないときはテレビ局、新聞社に抗議の電話を入れることもしました。その中で、私たちの闘う相手は目の前の前町長だけでなく、国やニューモ（原子力発電環境整備機構）であることも、みんなが認識しました。

そして四月二十二日の投票日。早々の勝利の報に喜びを共有して、心の底から新町長・澤山さんの圧倒的大差の勝利に歓喜しました（二〇〇七年五月号）。

その騒動のさ中の二月十七日から十八日にかけて、岡山市で「岡山で話そうや！原発のゴミ・全国交流集会――高レベル放射性廃棄物地層処分を考える」が開かれた。岡山県の「放射能のゴミはいらない！〔岡山〕県条例を求める会」が報告する。

「全国二八都道府県から、約三〇〇人の参加者をむかえて活発な意見交換が行なわれた。十七日は原子力発電環境整備機構との闘いを、高知、長崎、滋賀からの参加者が報告した。続いて日本原子力研究開発機構との闘い。同機構の前身である旧動燃・旧原研時代から全国のあらゆる場所を調べ、その資料が応募の引き金になっている。

十八日は、地元の県条例を求める会から、原子力機構の人形峠センター跡地が狙われているのではないかとの以前からの活動を継続しながら公募に関する情報を集め、応募主体が市町村長と決まると県内全市町村長に要請を行ない、拒否条例を得たことを報告した。続いて二時間の討論。

最後に集会アピールが読み上げられ、拒否表明済みの岡山を除く全国の市町村長に要請決議を送付することとあわせて決議された」(二〇〇七年三月号)。

中越沖地震

二〇〇七年七月十六日、新潟県中越沖地震(マグニチュード6・8)により東京電力柏崎刈羽原発に大きな被害があった。同原発の七基の原子炉のうち1、5、6号機の三基は定期検査のため、運転を停止していた。3、4、7号機が運転中、2号機は定期検査の終了に向けて運転を再開しようと原子炉を起動させようとしたところで地震が起き、四基は緊急に停止した。

それから四ヵ月。「プルサーマルを考える柏崎刈羽市民ネットワーク」の桑山史子さんが思いを込めて集会報告。

「少し復興の兆しの見えた九月末、全国から注目され、地球規模の問題として、市民の声を全国に発信する使命があると考えました。プルサーマルを考える柏崎刈羽市民ネットワークは、どうしても行政や国に伝えたいと集会開催を決断。東京電力の七基の原発が止まってもネオンの輝いている東京に向けてメッセージを送る集会にすることにしました。期日は十一月二十四日。会場は柏崎市の産業文化会館。坂本龍一さんらの署名運動の見出し『おやすみなさい柏崎刈羽原発』を集会のタイトルにお借りすることができ、素人集団の市民ネットは、アイデアと個性で、激論しながら、全国の団体個人の支援を受けて、当日を迎えました。

プログラムは、尺八演奏の流れる中、運転再開反対の柏崎刈羽の声を伝えたいと主催者開会挨拶。原発事故の写真説明。柏崎原発反対地元三団体の武本和幸さんが、原発設置時からの活断層の危険と地震の話で東電に反論。第一線の科学者たち、さらに川田龍平さんや田嶋陽子さん、鎌仲ひとみさん、アーチスツパワーらのビデオメッセージを上映。傷だらけの原発への不安、原発が止まっても東京の人は困らなかった、運転再開はありえない、きれいな自然を返してなどと、市民が強く訴えました」(二〇〇七年十二月号)。

反原発新聞柏崎支局の武本和幸さんも、別の集会を報告。

「十一月十七日、原発の透明性を確保する地域の会(二〇〇二年の東電トラブル隠し事件後に発足した組織)は、地震学者の石橋克彦神戸大学教授を招いて、公開学習会を開催しました。学習会に先立ち、原発敷地と原子炉建屋、タービン建屋を視察しました。大きく破損した原発敷地内は急ピッチで修繕工事が進んでいました。その中で、地震直後に国土地理院が写した空中写真にある亀裂の何本かを調査して原発や保安院駐在と議論しました。

十七日夜、『柏崎刈羽原発の閉鎖を訴える科学者・技術者の会』は、柏崎に隣接する長岡市で『中越沖地震から四ヶ月:柏崎刈羽原発の今後をどう考えるか』のタイトルで講演会を開催しました。呼びかけ人の山口幸夫(物理学)、石橋克彦(地震学)、田中三彦(サイエンスライター)、井野博満(金属材料学)の各氏が、キズモノとなった柏崎刈羽原発は廃炉しかないと訴えました」(同上号)。

消費者と生産者が六ヶ所再処理工場反対のネットワーク

生協や日本消費者連盟など市民団体の呼びかけで結成された「『六ヶ所再処理工場』に反対し放射能汚染を阻止する全国ネットワーク」は二〇〇七年八月二十五日、青森市内で集会を開催した。

日本消費者連盟の纐纈美千世さんが報告する。

「六ヶ所再処理工場の本格稼働阻止に向け消費者と生産者が一丸となって運動を展開していくことを確認した七月二十八日のキックオフ集会後、初の集まりとなった今回、全国から三〇〇名を超える参加者が集まった。全国ネットワークには八月二十三日現在、消費者や生産者など約五〇〇の団体・個人が名を連ね、その数はいまも増え続けている」(二〇〇七年九月号)。

「もんじゅ」、高レベル放射性廃棄物で公開討論

「原子力発電に反対する福井県民会議」は二〇〇七年十月二十七日、敦賀市で日本原子力研究開発機構との公開討論を行なった。同県民会議の小木曽美和子さんが報告する。

「原子力発電に反対する福井県民会議と、同会議が専門家に委嘱して設置した『もんじゅ監視委員会』(久米三四郎代表)対日本原子力研究開発機構の公開討論会が十月二十七日、福井県敦賀市内の敦賀短大で開かれ、県内外から市民二五〇人が参加した。これほど長期停止の原発が運転を再開した例は世界的にも稀で、福井県民会議は五月に一〇項目の疑問点を原子力機構へ提出し、公開の場で回答するよう求めていた。討論会はこれを受け、原子力機構が質問に回答する形で討論した。討論で最も時間をかけた『もんじゅの必要性』について、久米代表は『跡継ぎ計画はない。有効利用もなく、やっても国費のムダ遣いに終わる。強引な運転再開で得るものはない』とし、『死ぬまでもんじゅに反対する』と締めくくり、拍手をあびた」(二〇〇七年十一月号)。

そこでも県民会議が提出した疑問点は何ら解消されていない。県民会議や福井県平和センター、

原水爆禁止日本国民会議、原子力資料情報室などでは事故から一二年目の十二月八日、福井県庁を取り囲む行動で運転再開への反対を訴えた。

同じ二十七日、東北大学マルチメディアホールでは、高レベル放射性廃棄物処分に関する専門家の対話として、第一回の「原子力に関するオープンフォーラム」が開かれていた。「みやぎ脱原発・風の会」の篠原弘典さんが報告している。

「主催は東北大学未来科学技術共同研究センターなど。『原子力に関する専門家（推進、反対）の本音の討論を聴きたい』というニーズに応えることが目的というこの集まりには、原子力を推進しようとする科学者として東北大の杤山《とちやま》修さん、批判する科学者として京都大の小出裕章さんが出席した。

最初のテーマが『高レベル放射性廃棄物』とされたのは、討論に応じた杤山さんの専門が核燃料工学で総合資源エネルギー調査会の放射性廃棄物小委員会の委員でもあるためだ。小出さんは再処理をテーマとすることを望んだが、次回にこの問題を議論しようという推進の科学者が現れてくれることを期待している」（同右号）。

二〇〇八年　上関、風雲急

海面埋め立てに待ったを

山口県上関町に中国電力が建設への動きを加速化している上関原発計画をめぐって、二〇〇八年は風雲急を告げる年となった。まずは、計画地対岸の祝島での反対デモが九九九回を数えたという、「原発はごめんだヒロシマ市民の会」の木原省治さんの報告から。

「『原発反対エイエイ　オー』。上関原発反対運動の拠点といわれる、山口県上関町の祝島で毎週月曜日に行なわれている定例デモが九九九回を迎え、六月十四日土曜日、一〇〇〇回を前にした『記念』の行動が行なわれた。島外からも、山口県内はもとより、大分・広島や他の都県からも定期船やチャーター船などで二〇〇人が加わり、総勢三五〇人が島に集まった。

この行動の呼びかけに書いてあるが、一〇〇〇回目というのは決して喜ぶべきことではなく、原発計画を推進する中国電力をはじめ、国、山口県、上関町当局への『怨』を深くするものであり、この『怨』の気持ちを改めて確認する行動となった。祝島での定例デモは一九八二年秋から毎週月曜日の夕、雨天や反原発派の人に不幸があった時以外は休まず続けられており、島の細い道を、二列縦隊でシュプレヒコールなどを繰り返しながら行なわれる約一・五キロのデモである。

一方、中国電力はこの行動が行なわれた三日後の六月十七日に、原発予定地の海面約一四万㎡の埋め立て申請を、山口県に提出。これから正念場の反対運動が山口県や中国電力に対して行なわれることになる。その第一弾として、中国電力の株主総会が行なわれた六月二十七日に広島の中国電力本店前で祝島の人たちがバス二台で押しかけ、広島や山口の市民グループなどとともに抗議行動を展開。祝島の人たちは広島での行動を終えた後、山口県庁にも向かい、申請を認めるなの行動を行なった」（二〇〇八年七月号）。

海面埋め立ては、二〇〇八年十月二十二日に許可された。その二日前に祝島の漁民七四人が許可差し止めを求めて山口地裁に提訴していたが、訴えを許可取り消しに切り替えた。さらに、『人と生き物の権利』としての立場から十二月二日に『上関自然の権利訴訟』を提訴しました」と、「長島の自然を守る会」の高島美登里《みどり》さん。

「原告は、長島の生態系の素晴らしさを象徴する六種の生物（スナメリ・カンムリウミスズメ・ヤシマイシン近似種・ナガシマツボ・ナメクジウオ・スギモク）と長島の自然を守る会および祝島島民の会の二団体および個人一一一名です。

裁判の勝負は法廷内でなく、むしろ法廷外にあると思います。提訴を通じて、埋立許可を許さんぞという世論を拡げることが、司法の正しい判断を導き出す原動力です」（二〇〇九年一月号）。

高レベル処分めぐり岐阜県内全自治体申し入れ

二〇〇二年十二月に開始された高レベル放射性廃棄物の処分候補地の公募によっては文献調査に入れる自治体がなく、業を煮やした資源エネルギー庁は〇七年九月十二日の総合資源エネルギー調査会原子力部会の放射性廃棄物小委員会で、公募に加えて国による自治体への申し入れもできるようにする提案を根回しさせ、十一月一日の委員会で承認された。そこで「放射能のゴミはいらない！市民ネット・岐阜」の兼松秀代さんらは、岐阜県内の全自治体に公募にも申し入れにも応じないよう求めた。

「二〇〇七年十一月、高レベル廃棄物処分場候補地の国による自治体への申し入れが認められました。岐阜県東濃地域では一九八六年以来高レベル処分の研究のための地下調査が継続され、今後も超深地層研究所建設と一体となった地下調査が続きます。このような岐阜県は国から申し入れられる可能性が最も高いと考え、同年十一月以降今年の五月まで、県下の四二全自治体を訪問し、首長や担当課に岐阜県が置かれている状況を説明し、アンケート用紙に首長名で回答してくれるように依頼しました。

結果は四二自治体が応募しない、四一自治体が国による申し入れに応じないと回答し、一自治体だけが国による申し入れについて無回答でした。意見欄に『将来については住民の意見によっては、考える必要も出てくる可能性はある』とあり、受け入れの可能性を示唆するものでした。

七月十七日に、ありのままに結果を公表しました。十八日には受け入れ可能性を示唆した自治体の議員が首長に抗議文を提出し、七月二十二日には地域の自治会長が首長に真意を糺しました。首長は住民の意見を尊重するとの選挙公約を念頭に回答したが言葉足らずであったと、謝罪しました」(二〇〇八年八月号)。

二〇〇九年　プルサーマル始まる

玄海3号が一番乗り

二〇〇九年、プルサーマルがとうとう始まった。「十一月五日午前一一時、九州電力は定期検査中の玄海原発3号機の原子炉を起動させ、国内初のプルサーマルが事実上スタートした」と、「脱原発ネットワーク・九州」の深江守さんは報告する。

「一九九七年二月、プルサーマル推進が閣議決定されてから一二年。二〇〇四年五月二十八日、国に対する『原子炉設置変更許可』の申請と佐賀県、玄海町に対する『事前了解願い』の提出から五年である。私たちは二〇〇〇年五月に『九州電力とのプルサーマル公開討論会を実現させる会』を結成し、以後一〇年間、プルサーマルを止めるために考え得るあらゆる闘いを組織してきた。〇六年三月には、事前了解願への『同意』を阻止するため、県庁を包囲する『人間の鎖』行動や県庁横での二週間に及ぶテント村の闘いが取り組まれ、『同意』後は、佐賀県初の県民投票条例運動へと引き継がれた。

「NO MOX」の人文字。2009年5月10日。

ＭＯＸ燃料がいよいよやってくる今年三月二十三日、『ＮＯ！プルサーマル佐賀ん会』を新たに立ち上げ、佐賀県の有権者の過半数にあたる四〇万人を超える署名を集め、古川知事と佐賀県議会議長に提出した。ＭＯＸ燃料の到着が予想された五月には、〝5・10さがストップ！プルサーマル人文字フェスタ〟を計画。世界中の非難を浴びてやってくるＭＯＸ燃料を一五〇〇人の人文字で迎え撃つなど、新しい人たちの参加で反プルサーマルの闘いは大きく盛り上がりをみせた。

しかし、それでも九州電力や佐賀県知事を断念へと追い込むことはできなかった。四〇万人署名は、九月議会での提出が四四万二七二一筆、十一月五日現在では四六万七八三六筆を数えたが、そのうち佐賀県内の署名数は五万九三六三筆である。九電、佐賀県一体となった圧倒的な推進の前に、不安を感じる多くの民意を署名という形では集約することができなかったと言える。

玄海三号プルサーマルはスタートしたが、四回のＭＯＸ燃料装荷でいったん終わりを迎える。始める前から終わりが見えるプルサーマル。一体何のための、誰のための国策か」（二〇〇九年十二月号）。

玄海原発3号機が日本初となったが、一九九九年九月二十七日には福島第一原発3号機、十月一日には高浜原発4号機、二〇〇一年三月二十四日には柏崎刈羽原発3号機にＭＯＸ燃料が搬入されていた。それらがさまざまな問題で運転に入れず、玄海3号機が一番乗りとなった。二〇〇一年二月二十七日付電気新聞のコラム「デスク手帳」には、「本来なら高浜がトップランナーだったはずだが、もともと先陣を切りたくなかったのが本音」と書かれていて、全電力会社の本音らしい。

閑話休題。玄海原発3号機にＭＯＸ燃料が運び込まれたのは二〇〇九年五月二十三日で、搬入に先立つ四月十八日から十九日にかけては、「原発・原子力施設立地県会議」と佐賀県平和センターの主催で「ＳＴＯＰ！『プルサーマル、核燃料サイクル』全国活動・学習交流集会」が佐賀市で開催され、北海道から鹿児島までのプルサーマル計画炉所在各道県の一五〇名が参加した。

上関原発計画で攻防

山口県上関町に上関原発の建設をもくろむ中国電力は二〇〇九年四月八日、排水路工事に入ることで原子炉建屋の敷地となる海面埋め立てに着手するセレモニーを行なうが、十日には祝島島民らが監視行動準備で現地入り。工事は一時中止される。その後、天然記念物のカンムリウミスズメの雛が二羽見つかったり、耐震設計審査指針の見直しがあったりで、九月十日から海面埋め立てをめぐる連日の攻防となる。「原発いらん！山口ネットワーク」の武重登美子さんが報告する。

「九月十日早朝、場所は山口県平生《ひらお》町の田名埠頭。隣接する上関町で上関原発を建設しようとしている中国電力は、海面工事への始動である九基のブイを積み出そうと、近くの基地港から作業台船ほか数隻が波を蹴立ててやってきた。

埠頭ブイ置き場の前には、祝島の漁船三〇隻がそれに備えて錨を打ち、ロープでもやって整然と並ぶ。陸上では祝島の女性部隊を中心に、市民団体、自然保護団体、近隣住民約八〇名が終結した。

九時前、対峙する船団に向かって中電上関事務所のスピーカーが、作業妨害を理由に移動を要請する。祝島にとっては二十七年間何の話し合いもなく漁業権を売ってもいない漁場を死守する時である。交錯する船団の間をシーカヤックが機敏に動き回る。一時間ごとに移動要請のマイクが響くが、後で聞くとその間、船団に侮蔑的な言葉を浴びせ、県から厳重注意を受けたという。こちらの陸上部隊も負けじと『中電かえれー』『海は売っていないぞー』コールの大合唱である。にらみ合い八時間の後、この日の作業は中止と宣言して、台船は引き揚げた。

以後連日、同様の攻防が続く中、十二日、現地で三団体（原発に反対する上関町民の会、原水爆禁止山口県民会議、原発いらん！山口ネットワーク）主催の抗議集会。二五〇名。十七日には三団体の代表者が知事あてに混乱解消の要請を行なう。県側は「安全確保と地元の合意を得て工事を進めるよう中電に要請している」と矛盾した答。十九日、三団体抗議集会。三〇〇名。全国から参加者、カンパ、差し入れ続々。

二十一日の座り込み中、祝島島民の会の山戸さんより十日間の阻止行動のお礼と、翌日からの行動について『今までの体制を再検討する、今後の活動について島の集会で方向性を決めたい』との説明。七〇％を占める高齢者の体力や島民の生活を考えると今までの行動を変えるのも無理からぬことである。涙をのむしかない……しかしその説明を聞いていた若者グループが発奮した。

二十二日午前七時、祝島の漁船のいないブイ置き場の前の海へシーカヤック一一艇が横一列に整列している。感動である。中電は今日こそ作業ができると勢い込んでやってきたが、当てが外れた。苛立った推進派幹部の漁船が一隻、全速力でシーカヤックの間を縫って走り回る。中電の警戒船は、カヤックすれすれに前進後進を繰り返し大波を立てる。

危険を知らされた祝島の高速船数隻がやってきて、タグボートの間に割って入り事なきを得た。以来、台船の夜間接岸に備え、二四時間体制を組み、交代でブイの前を守っている。カヤッカーは浜辺のテントで待機、島民の会や長島の自然を守る会のメンバー、県外からの応援者は、埠頭そばの道路で雨よけのシートを張って野宿している」（二〇〇九年十月号）。

続きは「原発はごめんだヒロシマ市民の会」の溝田一成さん。

「中国電力・上関原発建設のための埋め立てに向けた埋め立て範囲表示用ブイの搬出阻止が、建設予定地の田ノ浦から一三キロ離れた田名ふ頭で続けられました。埋め立て免許の失効が十月二十一日に迫る中、焦った中国電力は十月七日、台風の接近が伝えられる朝七時に二基のブイを［設置して失効前に着手とした上で］、続いて二十九日早朝五時に残りの七基を設置しました。いずれも他所から運んで工事海域に設置するという暴挙でした。

阻止行動は田ノ浦に移りました。十一月六日から、作業台船三隻が田ノ浦の海にやってきて，作業ブイを投入し始めました。

ここでもカヤック隊が果敢に阻止を行ないました。ブイをつるワイヤーにつり上げられて台船に引きあげられたり、八日早朝には、抗議をしているカヤックの若い人を抱え上げ気絶させ負傷させられ、数日入院するという負傷事故を起こしています。

『上関原発建設中止の全国署名』が三月より開始され、十月二日に経済産業省に提出した署名数は六一万二六一三名になりました。若者たちのネットワークやシーカヤックの人たちが埋め立て阻止の直接行動にかけつけてくれたりして、毎日海に出て阻止行動を続けています。田名ふ頭のテント村には，全国各地からの布メッセージが道路両面に掲げられて、原発を拒否する力強さを感じることができました。中国電力への抗議の電話やファクスなどは二〇〇〇通をこえて、国内だけでなく海外からも届いています。

広島の人たちも、中国電力本店前でブイの投入がされた翌十月八日から、中国電力本店前で昼の時間帯に抗議行動をし、上関現地と共同して埋め立てをさせない行動を続けています」（二〇〇九年十二月号）。

柏崎刈羽7号機運転再開の動き

「中越沖地震から一年八ヵ月が経過した二〇〇八年度末、7号機の運転再開の動きとそれに対抗する運動のせめぎあいが続いている」と反原発新聞柏崎支局の武本和幸さん。

「新潟県原子力技術委員会には一四人で構成される親委員会（座長：代谷京大原子炉実験所長）と、設備健全性・耐震安全性に関する小委員会（八委員、委員長：北村正晴東北大学名誉教授）、地震・地質地盤に関する小委員会（六委員、委員長：山崎晴夫首都大学東京教授）がある。小委員会は、7号機運転再開に問題ありと問題なしの両論併記の争点とりまとめを行なっていた。それを親委員会が強引に十八日の委員会で問題なしの座長私案を出した。

その前日の十七日、一九六〇年代から柏崎刈羽の大地の生い立ちを研修してきた荒浜砂丘団体研究グループは、独自に実施したボーリング結果から、柏崎刈羽の平野と原発が立地する西山丘陵の境界に断層があることがわかったと発表した。

二十日には、原発からいのちとふるさとを守る県民の会が、柏崎市内で『不安だらけの運転再開　STOP7号機　県民集会』を開催し、市中デモを行なった。

集会に先立ち、『目で見る地殻変動ツアー』が新潟駅から柏崎市までの間で行なわれた。ツアーに参加した変動地形学者の渡辺満久東洋大学教授は寺泊海岸で、東電が主張する四〇ｍより高い標高に海成段丘面が存在すると事前調査に基づき、現地で説明してくれた。石橋神戸大学名誉教授からは、角田・弥彦・国上山塊の東西に段丘面が存在していることはしばしば地震に伴う地殻変動で隆起してきた証拠であるとの説明をいただいた。

三月に入ってから、推進派の商工会議所等は、知事や市長・村長に早期運転再開を申し入れている。準備手続きは年度末運転再開の日程にあわせて進められてきたが、地域の不信と不安、再開を急ぐ東電の勇み足、県民・国民の声が再開を許さない背景にある」（二〇〇九年四月号）。

川内原発3号機増設申し入れ

二〇〇八年末に九州電力が、川内原発3号機増設の年明け申し入れを表明したことを受け、地元の反原発グループは、〇九年早々これを迎え撃つ闘いに入る。「自然の灯をともし原発を葬る会」の小川美沙子さんの報告。

「反原発・かごしまネットは、鹿児島市の天文館で、『来るな！九電社長』緊急街頭キャンペーン、次いで3号機増設についての意見を聞く『緊急市民投票』を呼びかけました。結果は、投票総数四五五票のうち『賛成』九％、『分からない』二一％、『反対』七〇％。多くの若者が積極的に市民投票に協力してくれ、このような結果を得たことは、重大な事態を前にした私たちに希望を齎《もたら》してくれました。

さらに反原発ネットは、九電の環境調査と同時に開始した独自の『温排水調査』の結果を記者発表。九電社長宛に三四項目の公開質問状も提出。社長来鹿の前日から県庁玄関横にテントを設営し、社長を迎え撃つため、二四時間監視態勢の県庁前座り込みを開始しました。

社長来庁の一月八日当日、反原発ネット、平和センターなどで申し入れ阻止集会を開催。ついに社長来庁！　知事室入口前に移動し横断幕を広げたものの、社長は予定時間より早く、地下から知事室に通じる秘密のエレベータで、知事に申し入れを済ませ、再び地下より脱出し九電鹿児島支店に移動し記者会見、その後、薩摩川内市へ移動」（二〇〇九年二月号）。

二〇一〇年　ストップ！プルサーマル

MOX燃料使用差し止め提訴

二〇〇九年に全国の先頭に立ってプルサーマルを開始した玄海原発3号機に対して翌一〇年八月九日、MOX燃料の使用差し止めを求める裁判が、九州各地の住民によって佐賀地裁に提訴された。「玄海原発プルサーマル裁判準備会」の石丸初美さんが訴える。

「九州電力相手に『玄海原発MOX燃料使用差止請求』の提訴に踏み切りました。九電管内から一三〇名の原告団です。提訴当日は猛暑の中、参加者一〇〇名余、またアメリカより来日中のケビン・キャンプス氏にも参加していただき、佐賀地裁前に横断幕や各自が作成したメッセージでアピール、抗議行動一時間。また提訴後、三名の弁護士の方と美浜の会の小山英之氏により、提訴集会で訴状内容の説明がありました。また、支える会の澤山保太郎会長から『これからが運動のスタートです』と、全国の問題として連帯していくことを訴えていただきました。佐賀の裁判は全国の方々に支えられていることに感謝しています。

未来の人たちにも『地球に生まれきてよかった』と言ってもらえるよう、今できることの一つとして裁判を選択しました。全国の皆さまと共に諦めない運動を連帯していけたらと思っています」（二〇一〇年九月号）

伊方でも女川でも福島でも

二〇一〇年二月十三日、愛媛県伊方町の四国電力伊方原子力発電所ゲート前において、「四国ブロック平和フォーラム」が主催して「伊方原発のプルサーマル中止を求める西日本集会」が開催された。香川県平和労組会議の廣瀬透さんが報告する。

「この集会には、四国四県をはじめ、新潟や佐賀など一二都府県から約二五〇人が参加した。集会では、『ＭＯＸ燃料は危険で、多くの国民が納得していない』とする内容の要望書を読み上げ、四国電力側に手渡した。最後に、参加者全員で、『危険なプルサーマルを中止せよ』『政府は原子力政策を見直せ』などとシュプレヒコールで抗議し、気勢を上げた」（二〇一〇年三月号）。

女川では、「もっと議論を」と宮城県に申し入れ。「みやぎ脱原発・風の会」の篠原弘典さんが報告する。

「二〇〇八年十一月五日に東北電力から女川原発でのプルサーマルへの同意を求められた宮城

県などは、手続きがほぼ完了したとして、この三月中にも受け入れを表明する動きが強まっています。

批判的な専門家も入れた有識者会議の設置を求めた私たちの要望を無視し、放射能を監視する既存の組織の五人の学識経験者に二人の地震の専門家を加えて作った『安全性検討会議』の第六回目の会議が二月十五日に開かれました。『プルサーマルを導入しても安全性は確保される』という検討会議委員の意見書を受けて、安全性は確保できると判断したとの『自治体の見解（案）』が第五回目で出され、パブリックコメントが実施されましたが、その意見には見解を変更しなければならない指摘はなかったとして、見解（案）をそのまま最終的に了承しました。

しかしこのパブコメ募集は、石巻市が組織した『市民勉強会』がまだ継続中で、同市が見解を差し控える中で強行され、寄せられた意見もその全体が公表されずに都合よく要約され、それに対して『対応・回答』するという扱いがなされるという、手続き的にも問題の多いものでした。

そもそも、プルサーマルは原子力政策大綱で決められた国策なので必要性を議論する必要はないとされたり、安全性検討会議も委員同士の議論は無く、東北電力の説明を聞いて質問をするだけという運営で、内容的にも問題が多々ありました。

『安全性の確認』と『住民の理解』が受け入れの前提とされていますが、石巻市議会では慎重な意見の議員が賛成を上回っており、女川町の議員が行なっているアンケート調査でも回収されたもののうち約六割が反対との結果が出ていて、県民・地元住民の理解を得たとするには無理な状況です。

重大な局面を迎えて、七団体で構成する『プルサーマル問題を考える宮城県連絡会』は二月二十四日、宮城県に対して、『いまだ多くの問題を抱え、県民の理解もないプルサーマルに同意しないこと』を申し入れました」(同上号)。

福島では、県への申し入れ行動などを行なってきた住民らがMOX燃料装荷に抗議。「福島原発三〇キロ圏ひとの会」の大賀あや子さんの報告です。

「福島県の佐藤雄平知事は、六五回目の広島原爆の日の八月六日に、東京電力福島第一原発3号機のプルサーマル実施受入れを表明してしまいました。

四日から毎朝、福島県庁西玄関前で横断幕を掲げ、担当課への申し入れを行なっていた『沈黙のアピール』行動は、県民への説明責任を強く求め、当分の間の続行を決めました。この行動は、横断幕をもってたたずみ、道行く人に挨拶をするというシンプルな形ですが、県庁職員・来庁者・報道記者などに出会い、県内外から入れ替わり立ち替わり参加者や支援の方が訪れ、メッセージが届き、大きく輪が広がっています。申し入れは、直接と、福島老朽原発を考える会を通じて全国から連日送って頂いているものとを担当課へ届けています。また、問題点を指摘する公開質問状や、トラブルに対する緊急要請書も提出し、繰り返し対話を続けてきました。

八月二十一日、3号機のMOX燃料装荷日は第一原発門前に集まりました。ソーラーパネルをつないだマイクで、参加者ひとりひとりからの呼びかけを行ないました。また、ダイ・インを行なって装荷をやめるように訴え祈りました。

九月十七日、原子炉起動予定日夕方の門前行動では、当日昼休み東京本店前の抗議行動を報告し、ソーラーバッテリーのマイクで県内と全国からのメッセージ・申し入れ書を読み上げ、輪になって黙祷を行ないました」(二〇一〇年十月号)。

上関原発問題、東京でも訴え

上関原発計画に危機感を抱いた東京周辺の市民らが「上関どうするネット」を結成、毎年、都内で集会をもっている。その第一回が二〇一〇年に開かれた。「上関どうするネットパレードプロジェクト」の菅波完《すげなみたもつ》さんの報告。

「五月九日、東京の明治大学駿河台キャンパスで、上関原発問題のシンポジウムを開催しました。当日は、シンポジウムの前に、鎌仲ひとみさんのトークと映画『ミツバチの羽音と地球の回転』の予告編を上映し、シンポジウム終了後は、駿河台下から水道橋駅周辺までの街頭パレードという盛りだくさんの一日でしたが、約二五〇名の参加で大盛況でした。

このシンポジウムでは、原発の是非以前に、埋立そのものによって貴重な自然環境が破壊されることの問題性を強調しました。まず、『長島の自然を守る会』の高島美登里さんが、上関原発計画の概要と、建設予定地である田ノ浦周辺の様子を紹介し、京都大学教授の加藤真さんからは、田ノ浦やその周辺は、かつての瀬戸内海の『原風景』というべきすばらしい自然であり、『生物多様性のホットスポット』として、保全しなければならないことを解説していただきました。また、『上関原発を建てさせない祝島島民の会』の山戸貞夫さんからは、これまでの運動の歴史と裁判などの最新の状況を報告していただきました。

さらに、ＷＷＦジャパンの花輪伸一さんと日本自然保護協会の開発法子《かいはつ》さんからは、今年十月に、名古屋で生物多様性条約の締約国会議が開かれることもふまえ、国際的な課題としての生物多様性保全の重要性や、沖縄の泡瀬《あわせ》干潟の埋立計画を中断させた経験などを紹介してもらいました。

最後に、原子力資料情報室の伴英幸さんからは、中国電力が公表している将来の需要予測をもとに、上関原発の発電容量は必要ないということを解説してもらいました」（二〇一〇年六月号）。

大間原発を裁判で訴える

二〇一〇年七月二十八日、大間町と対岸の函館市の市民グループが「国が電源開発（株）に出した大間原子力発電所の設置許可取り消しと損害賠償、電源開発の工事差し止めと損害賠償という四件の訴訟を函館地裁に起こした」と、「大間原発訴訟の会」の竹田とし子さんが報告している。「大間原発の敷地のほぼ中央にある故熊谷あさ子さんの遺した土地は『あさこはうす』として、大間原発になびかなかった良心の盾となっている。提訴直前の七月二十五日、第三回大間原発反対現地集会でも、北から南から志ある人たちがきずなを確かめた。反対の機運を盛り上げるため、裁判もその一環として頑張っていきたい」（二〇一〇年八月号）。

二〇一一年〜二〇一九年　さようなら原発

自然エネルギーが主役に

概要

二〇一一年三月十一日。この日から「東京電力福島第一原子力発電所事故」は始まった。

菅首相は五月六日、地震・津波対策ができるまで中部電力浜岡原発3～5号機を一時停止するよう中部電力に要請した（1、2号機は廃止済み、3号機は当時、定期検査で停止中）。中部電力が要請を受け入れて五月十三日に4号機、十四日に5号機の停止が実施された。二十四日には「東京電力福島原子力発電所における事故調査・検証委員会（畑村洋太郎委員長）」の設置を閣議決定している。国会も十二月八日、「東京電力福島原子力発電所事故調査委員会（黒川清委員長）」を設置した。一二年七月五日に国会事故調、同月二十三日に政府事故調は報告をまとめた。

二〇一二年も押し詰まった十二月十六日、衆議院の解散による総選挙が行なわれ、自民党が大勝した。前回二〇〇九年八月三十日の総選挙で民主党が「政権交代」を実現してから、わずか三年余のことである。十二月二十六日に発足した第二次安倍内閣は、さっそく野田政権下で九月十四日に決定された「革新的エネルギー・環境戦略」を見直すと宣言し、停止原発の再稼働に動き出した。一四年四月十一日、新たな「エネルギー基本計画」を閣議決定している。一五年七月十六日には「長期エネルギー需給計画」がまとめられ、二〇三〇年度の電源構成で原子力が二〇～二三％とした。

福島第一原発では、1～4号機が二〇一二年四月十九日に廃止された。5、6号機が廃止されるのは一四年一月三十一日。福島第二原発1～4号機の廃止は、一九年九月三十日である。

さて、長く求められながら無視されてきた原子力規制の独立が、福島原発事故を受けてようやく実現した。二〇一二年九月十九日に発足した原子力規制委員会である。原子力規制委員会発足の前日、原子力安全委員会は廃止され、同委員会が規制行政をチェックする機能は失われた。

安倍首相らが「世界で最も厳しい水準の規制基準」と呼ぶ新たな規制基準は二〇一三年七月八日に施行された。施行当日から次々と基準適合性審査の申請（原子炉設置変更、工事計画変更、保安規定変更の許可申請）が行なわれたが、他方で申請を見送って様子見をするものも少なくない。

先頭をきって二〇一四年九月十日に審査に合格、原子炉設置変更を許可された九州電力川内原発1、2号機は、一五年八月十一日に1号機が原子炉再起動、十四日に発送電開始、九月十日に営業運転を再開。2号機は、十月十五日再起動、二十一日に発送電開始、十一月十七日に営業運転を再開した。一三年九月から続いていた日本の原発全基停止が、約二年ぶりに「原発ゼロ」ではなくなった。

原発輸出を成長戦略の柱と強弁する安倍首相は、二〇一三年四月三十日から五月三日にかけての中東歴訪で、アラブ首長国連合（UAE）、トルコ、サウジアラビアに輸出を働きかけた。首相立ち会いの下、五月二日にUAE、三日にトルコとの間で原子力協力協定への署名がなされている。一六年十一月十一日にはインドとの協定にも署名がされた。

二〇一三年十月二十九日、首相のトップセールスでトルコ政府との「正式合意」と、安倍政権は「満額回答」を誇った。三菱重工がトルコ政府と、シノップ原発建設をめぐる事業化調査の枠組みで合意したものだ。しかし一八年十二月一日、トルコのエルドアン大統領との首脳会談で安倍首相は、計画断念が必至のシノップ原発計画を救う何らの方策も提案できず、トルコ側から引き出すこともできなかった。

東芝では、米ウェスチングハウス・エレクトリック社（WEC）買収のツケが、一時は東芝本体の消滅すらささやかれるまでにふくらんだ。一九年一月十七日、日立製作所は取締役会で、イギリスでの原発建設事業を凍結し、約三〇〇〇億円の減損処理をすると決定した。

二〇一九年一月二十一日づけ電気新聞は「日本政府が後押しする原子力輸出案件が軒並み暗礁に乗り上げた」と報じている。エネルギー政策研究会が発行する『EP REPORT』の一九年二月一日号は言う。「日立や東芝が輸出撤退の方針を明確化する方向のニュースが流れるたびに、両社の株価は上昇に転じている。原発はもはや、利益を生み出す役割を失いつつあるのかもしれない」。原発輸出の夢は、東芝、日立、三菱重工の各社にとって巨額の損失という悪夢となった。

二〇一五年四月二十七日に日本原子力発電敦賀原発1号機、関西電力美浜原発1、2号機、九州電力玄海原発1号機、三十日に中国電力島根原発1号機が廃炉を迎えることになった。以後、続々と廃炉は続く。他方、関西電力は、一五年三月十七日に美浜原発3号機、高浜原発1、2号機の新規制基準適合性審査を原子力規制委員会に申請した。これら三基は四十年超運転を求めるという意思表示である。関西電力はまず四月三十日、高浜原発1、2号機の六十年運転を申請した。認可は一六年六月二十日。美浜原発3号機の延長申請は十一月二十六日で、一六年十一月十六日に認可された。日本原子力発電の東海第二原発の六十年超運転は一七年十一月二十四日に申請され、一八年十一月七日に認可された。

二〇一五年十一月十三日、原子力規制委員会は文部科学大臣に、「もんじゅ」の廃止を促す勧告を行なうに至る。一六年十二月二十一日の原子力関係閣僚会議で廃炉が決定された。

二〇一五年六月二十六日、経済産業大臣の諮問機関である総合資源エネルギー調査会の原子力小委員会に「原子力事業環境整備検討専門ワーキンググループ」が設置された。十一月三十日に「新たな環境下における使用済燃料の再処理等について」と題する中間報告書がまとめられた。六月十八日に電気事業法の改正が成立し、電力システム改革（いわゆる自由化）が進むことによって電力会社が自社の経営を優先し、再処理積立金を別の用途に流用して国策である再処理の実施が滞る可能性があるので、積立金制度を拠出金制度に変え、拠出された資金は事業主体に属することにする。しかも、それに便乗して、現行制度では六ヶ所再処理工場での再処理予定分だけを積み立てているのを改め、すべての使用済燃料の再処理費用と、さらにMOX燃料加工など関連事業の費用まで拠出させるというものである。再処理の実施主体として、新たに認可法人を設立するが、実際の事業は、従来通り日本原燃に委託できるという。一六年五月十一日、再処理拠出金法案が成立、九月二十日、使用済燃料再処理機構の設立が認可されて同機構は十月三日に発足した。

廃止措置が進められている東海原発では、発生が見込まれている廃棄物のうち、「極低濃度」と称するものを敷地内で埋設する申請が二〇一五年七月十六日、日本原子力発電から原子力規制委員会に出された。青森県六ヶ所村に運べない廃棄物は原発敷地内に残ることが、当たり前にされようとしている。

一〇年七月七日、東海原発の廃止措置で出るクリアランスレベル以下の金属を利用して低レベル放射性廃棄物の処分容器を試作するため、炭素鋼六〇トンが日本鋼管室蘭製作所に搬入された。放射性廃棄物の容器なら社会的に受け入れられると考えているのだろう。一般社会での再利用も敷地外処分も難しく、クリアランスレベル以下のものも、やはり敷地内に居座るのではないか。七月十五日、浜岡1、2号の廃止措置で出るクリアランスレベル以下の廃棄物につき屋外に仮置きする計画、と報じられた。

福島第一原発事故から八年が経った三月十一日、原子力規制委員会の更田豊志委員長は、職員訓示で率直に現実を認めた。

「事故の進展中、とにかくわからないことがほとんどでした。評価や判断に確信が持てるということはほとんどありませんでした。今はたくさん対策をとったので、今度もし事故が起きたときはそうはならないと考えるのは幻想に過ぎません。〔中略〕様々な対策をとった。様々な強化を行った。それだからこそ、それでもなお過酷な事故に至ってしまったような条件を考える場合には、事故の進展は私たちの理解を超える可能性が高いと考えるべきです」。

それが現実である。

二〇一一年　福島原発事故

事故が起きた

二〇一一年三月十一日、マグニチュード9・0の巨大地震、巨大津波、そして原発震災が発生した。「東京電力福島第一原発における外部電源及び非常用電源の喪失に伴う冷却材喪失に対する東京電力の初期対応の失敗によって、水素爆発、炉心溶融が引き起こされ、大量の放射性物質を大気中に放出し、多くの住民が避難を余儀なくされました。未曾有の危機がなお続いています」と「脱原発福島ネットワーク」の佐藤和良さんが緊急報告。

「四月四日、脱原発福島ネットワークと原子力資料情報室の呼びかけにより、ふるさとを追われた大熊町住民をはじめ福島県民、各地の代表が、内閣総理大臣と経済産業大臣宛に二五三の団体賛同と一〇一〇名の個人賛同を添えて『福島原発震災に関する緊急要請書』を提出しました。

脱原発福島ネットワークは、福島第一原子力発電所の冷却機能の確保は当然であり、冷却機能の回復作業中も大気中に放射性物質が拡散しているため、安全論を振りまくのではなく、児童生徒はじめ市民の放射線防護を同時に進めるべきであることを強く求めました。また、福島県民が求める放射能被害に対する個人補償、福島第一・第二原発一〇基の廃炉を、国の方針として速やかに決定すべきであることを強調しました」（二〇一一年四月号）

三月二十六日に四十年超運転原発の廃炉を求めて「ハイロアクション福島原発四〇年」をスタ

ートさせようとしていた「ハイロアクション福島原発四〇年実行委員会」のうのさえこさんは訴える。

「ハイロアクションの記事を希望をこめて書き送ってから一ヵ月、予想を超えた速さと厳しさで私たちは『廃炉の時代』に投げ込まれました。これまで脱原発運動が警鐘を鳴らしてきたことがそのまま現実となってしまったこと、本当に悔しいです。

ハイロアクションは、三月二十五日、一〇府県で緊急声明を発表し、福島の現状、妊婦と子どもの避難、避難区域の拡大、被曝から身を守るための情報の必要などを訴えました。そして緊急行動として、放射能のリスクから最大限防護するための活動を始めました。障がい者など社会的弱者を対象とした支援のほか、県内各地での線量測定、教育委員会への働きかけと記者会見を行ない、県が小中学校での放射線測定を実施するなどの成果を得ました。今後も、子ども・妊婦の一刻も早い避難を促すとともに、放射線量測定の継続、放射線防護のためのマニュアル作成と配布、子どものマスク着用の徹底のための働きかけなどを展開していきます。測定器購入ほか活動資金を急募いたします」(同右号)。

『はんげんぱつ新聞』は四月二十六日、全国各地のさまざまな団体と共同で以下の声明を発し、五月号に全文を掲載した。

二〇一一年九月十九日、その時点では過去最大の六万人集会が「9・19さようなら原発集会」として東京の明治公園で開かれた。「ハイロアクション福島」の武藤類子さんがスピーチを行なっている。

「9・19集会で、スピーチさせていただく機会を得て、身の縮むような思いではありましたが、ステージの上から六万人の人々の熱い思いを一身に感じとり、『今度こそは』と私自身が決意を新たにすることができました。

この原発事故で誰もが、どれほど傷つき、泣きたい気持ちを我慢しながら生き延びてきたのだなと、つくづく思いました。

避難区域の縮小、健康被害の軽視、保障の矮小化など、さらに私たちが傷つくような出来事が日々起きています。この先にどんなことが起きていくか考えると、時々茫然としてしまうことがあります。そんな時にこそ、誰かと互いの心の声に耳を傾けあうことができたらな…と思います」（二〇一一年十月号）。

原発震災を防ぐ全国署名、一〇〇万筆達成

浜岡原発の永久停止を求める全国署名が一〇〇万筆を達成した。「原発震災を防ぐ全国署名連絡会」の東井怜さんが報告する。

「浜岡原発が全基停止（五月十四日）してから半年、突然福島の地で想定外が現実になるのを見てしまった地元では、隣接の牧之原市議会決議に代表されるように、ここへ来て再稼働を断念し廃炉を求める声が高まっています。

私たちは、東海地震と浜岡原発の危険性がなかなか結び付けられない七年前、今回のような事態を未然に防ぐため静岡県内発の声をあげ、『原発震災を防ぐ全国署名』を開始。昨年までで九

〇万筆でしたが、３・11以後急速に増え、十月に当初の目標一〇〇万筆を超えました。そこで十一月十七日に経産大臣に提出するとともに衆議院議員会館で報告会を持ちました。

署名はこれをもって終了とし、今後は地元の総意として永久停止を勝ち取るべく活動していきます。ご協力ありがとうございました」（二〇一一年十二月号）。

上関原発計画地で海面埋め立て強行、中断

福島第一原発事故を受けて中国電力は二〇一一年三月十五日、「埋立て準備工事の一時中断」を山口県と上関町に説明した。その直前まで同電力は強引な工事を強行していたことを「原発いらん！山口ネットワーク」の三浦翠さんが伝えている。

「二月二十一日早朝から、中国電力は山口県上関町の上関原発予定地の埋立て工事を行なおうと大攻勢をしかけてきた。

二〇〇九年十月、隣り町の平生町田名埠頭からのブイの積み出し作業が祝島の人たち、シーカヤックの若者たち、市民の抗議で阻止されてから一年三ヵ月、多くの人々の不断の監視と抗議行動のおかげで、予定地周辺では天然記念物のカンムリウミスズメの繁殖が見られるなど、平和な海が守られてきた。

しかし、この間中国電力はスラップ訴訟と呼ばれる悪辣な裁判を連発。埋立て工事の妨害をしたとして四八〇〇万円支払え、一日五〇〇万円払えなど、『金』による脅しで、一銭の漁業補償金も受け取っていない祝島の漁民や海を守ろうとする若者たちを苦しめてきた。

「こどもの日」に原発ゼロ。2012年5月5日。

中国電力の職員や警備員など約六〇〇名、台船十数隻という、かつてない物量作戦は、二月一日から上関原発計画を直轄するようになった山下隆社長の無理やり計画を進めようとする強引さのあらわれである。

二月二十一日、真夜中にガードマン約四〇〇人が現地に入り午前二時半頃には作業を始めようとした。察知して駆け付けた人たちがそれを止める。午前六時頃には海岸を封鎖しようと太い鉄パイプを打ち込もうとするが、山口県外からも駆け付けた人たちも加わって、一五〇人ほどが身を投げ出して抗議。三日間かかっても柵はできなかったが、二十三日の午後にはついに怪我人が出た。

一方、海では放水口側に台船十数隻が来て、それを止めようとした祝島の漁船に海上保安庁のボートが体当たりして台船の進入を助けるという暴挙があり、何台分かの土砂が投入されてしまい、海は土色になった」(二〇一一年三月号)。

二〇一二年　全原発停止

原発ゼロ

「二〇一二年五月五日、こどもの日、北海道電力泊原発3号機が停止し、『原発ゼロ』の日を迎えた。各地で反・脱原発の集会やデモが行なわれ、私は東京・芝公園での『さようなら原発5・5集会』に参加した」と落合恵子さん

「雨が多かった連休に、久しぶりの青空が戻った。反・脱原発を象徴する赤や緑の鯉のぼりが舞い、五五〇〇人余の思いを共有するひとたちが集まった。

七月十六日の一〇万人集会に向けて、やわらかくつながりつつ、再びの一歩をいま!」(二〇一二年五月号)。

そして七月十六日の一〇万人集会は。一七万人集会となった。原水爆禁止日本国民会議の藤本泰成さんが報告する。

「代々木公園は一七万人の人波に覆い尽くされました。そのひとりひとりの熱い思いは全国にこだまして、『さようなら原発』を叫ぶ声に日本中が高揚しました。福島原発事故と政府の原発再稼働に抗議する声は、毎週金曜日首相官邸にこだまします。ひとりひとりの『命』はひとりひとり一

17万人集会となった代々木公園。2012年7月16日。

人のもの、『もう二度と「命」を国に売り渡すまい』みんながそう叫んでいます。

　大江健三郎さんや鎌田慧さんなど九人が呼びかけた『さようなら原発一〇〇〇万人署名』は八〇〇万に近づいています。この一年、私たちはがむしゃらに脱原発の運動を続けてきました。社会は、政治は、動くのでしょうか」（二〇一二年八月号）。

　藤本さんが言及した「毎週金曜日首相官邸にこだま」する首相官邸前抗議の非暴力アクションは、二〇一二年三月末に始まった。首都圏反原発連合のMisao Redwolfさんに聞く。

「大飯の再稼働問題で四閣僚による政治判断になると聞いて、東京でできる最後のアクションをしようと考えたんです。その日は三〇〇人くらい集まりました。

〔ふくれあがったのは〕野田首相の再稼働

記者会見が六月八日にあってからです。この日がちょうど金曜日で、どっと増えました。マスメディアも報道するし、著名な人がアピールしてくれるしというのと、再稼働に対する皆の怒りが大きくなるのと重なった。

再稼働を止め続けるということもあるけど、何より大飯の再稼働を中止しなさいと。それを、しつこくしつこく続けている。集まって抗議して解散するだけですが、だからこそ決してあきらめないというメッセージを、目に見える形にして圧力をかけているんだと思います。官邸というターゲットがあるということです。最近は国会正門前にもマイクを置いていて、『官邸前』という名前を変えたらと言われたりするんですが、そこは変えたくない。大飯再稼働の判断をした人たちへの抗議なんで、中止をするのもその人たちだと」（二〇一二年八月号）。

大飯原発再稼働

その大飯原発の再稼働阻止について「福井からのレポート三～五月」の報告をするのは、「原子力発電に反対する福井県民会議」の石地優さん。

「関西電力大飯原発3・4号機の再稼働が、三月の福井県議会、おおい町議会で判断されるのではと注目され、グリーンピース・ジャパンはスタッフを福井市に常駐させて、議会や福井県原子力安全専門委員会のウオッチング、県民世論の喚起に尽力してくれました。

県議会の開会日には、県内外から一〇〇人を超える傍聴者がかけつけました。三月中にも再稼働容認が出るのではと噂されていた判断は延びていき、四月十四日、枝野経産相が要請に来福したときに再び、再稼働が現実味を帯びました。約三〇〇人の抗議の人たちにより、県庁前は一時は騒然となりました。しかし、時岡おおい町長、西川福井県知事とも慎重姿勢は続き、四月にも判断されませんでした。おおい町では三月議会のウオッチングと並行して関西・福井の市民が四月四日に石橋克彦氏の講演会を開き、おおい町全戸への戸別訪問を七回にわたり、チラシを配って行ないました。

五月十七日には福島から四人の方に来ていただいて、おおい町の二ヵ所で交流・座談会が行なわれました。また、五月二十六日には、四月二十六日にあった国による説明会に対抗して、前述とは別の関西・福井の市民による「もう一つの住民説明会」が、おおい町で行なわれました。

その間、大飯原発近くの浜で、テントを張っての監視行動もありました。おおい町民を対象に県内の市民団体による再稼働反対署名行動もあり、おおい町や町議会への申し入れ、要請も多くありました。そのような中で五月十八日には、おおい町民が福島の人とともに町に申し入れに行くという画期的な場面も生まれました。

県都の福井市で三月二十五日、原発反対福井県民会議の呼びかけで、拙速な大飯原発再稼働に反対する集会とデモが七〇〇人の参加で行なわれました。五月十二日には、福島原発事故後に立ち上がった人たちによる再稼働反対の集会とパレードがあり、若者を中心に二〇〇人が集まりました。

県内のマスコミ等による世論調査でも、常に再稼働反対が賛成を上回っています。滋賀、京都、大阪などの首長も再稼働に慎重姿勢を示し、このような状況が相まって五月末まで再稼働の判断が延びてきました。しかし、五月三十日、関西広域連合が再稼働容認ともとれる声明を示したのを機に、野田首相が『立地自治体の判断が得られれば、最終的には私の責任で判断する』と表明し、一気に再稼働に走り出しました」（二〇一二年六月号）。

福島原発の責任を問う

二〇一二年三月十六日、「脱原発福島ネットワーク」と「ハイロアクション福島原発四〇年実行委員会」の呼びかけにより、福島県いわき市労働福祉会館で福島原発告訴団結成集会が開かれた。「福島原発事故の責任をただす！告訴宣言」は言う。

「私たちの目標は、政府が弱者を守らず切り捨てていくあり方そのものを根源から問うこと、住民を守らない政府や自治体は高い代償を支払わなければならないという前例を作り出すことにあります。そのために私たちは、政府や企業の犯罪に苦しんでいるすべての人たちと連帯し、ともに闘っていきたいと思います。この国に生きるひとりひとりが尊敬され、大切にされる新しい価値観を若い人々や子どもたちに残せるように、手を取り合い、立ち向かっていきましょう」（二〇一二年四月号）。

六月十一日、福島地裁に告訴・告発。福島原発告訴団の人見やよいさんが報告している。

「『福島原発告訴団』結成集会から三ヵ月、告訴人の数は、当初目標としていた一〇〇〇人を突破して一三二四人を数えました。告訴に踏み切るということは、日常を奪われ、人権を踏みにじられ、命を軽んじられた事実を陳情書に綴り、自分の置かれた現状から目を逸らさず真正面から向き合うということです。また他人の罪を問う中で、事故を防ぐことのできなかった自分の弱さを再認識する作業でもありました。

しかしその辛さを乗り越え、これほど多くの福島県民が、勇気と覚悟を持って告訴人となりました。この重さが、福島地方検察庁の捜査官のみなさんに伝わらないはずはないと思います。六月十一日、福島市市民会館には約二〇〇〇人の告訴人が集合しました。『業務上過失致死傷』と『公害犯罪処罰法違反』の疑いで、東京電力前会長・勝俣恒久ら、被告訴・被告発人三三人の捜査を願い出るため、福島地検まで行列をして告訴状を届けに行きました」（二〇一二年七月号）。

「指定廃棄物」処分場反対

福島原発事故で大量に放出された放射能によって「指定廃棄物」という放射性廃棄物が作り出された。八〇〇〇ベクレル／kgを超える放射能濃度の焼却灰、浄水発生土、稲わら、牧草などである。環境省はその対策として、宮城県、茨城県、栃木県、群馬県、千葉県の五県に最終処分場を一ヵ所ずつ作る方針を示したが、どこでも強い反対運動が起きて、計画は進んでいない。栃木県矢板市の運動について、矢板市民の山口睦子さんが報告する。

「『大成功！一万人集会』。指定廃棄物最終処分場候補地の白紙撤回を求める矢板市民同盟会が発行する会誌二号の見出しである。十二月二日、同じく候補地とされた茨城県高萩市の代表もバス二台で参加し、会場の公園は断固反対の声で埋め尽くされた。キログラム当たり八〇〇〇ベクレル超の汚泥など『指定廃棄物』の最終処分場候補地に、九月三日に環境省から突然選定されてから、この日に至るまで、当初、自発的な団体が様々な運動を提案していたが、九月二十四日に設立された矢板市民同盟会の運動に一本化されていった。四月の市長選へのしこりを捨て、オール矢板の運動を成功させたことは、矢板の自治にとっても大きな前進になると思いたい」（二〇一三年一月号）。

「被ばく労働を考えるネットワーク」設立

二〇一二年十一月九日、東京の亀戸で「被ばく労働を考えるネットワーク」の設立集会が、約三〇〇人の参加で開催された。神奈川労災職業病センターの川本浩之さんの報告。

「同ネット準備会は、福島第一原発事故後の収束作業で、すさまじい被ばく労働を余儀なくされている実態を受けて、昨年の夏ごろから、被ばく労働に関する学習会や会議を重ね、省庁交渉などにも参加してきた。今年の春には交流討論集会を開き、さらに議論を深める中で、正式発足の運びとなったものである。

呼びかけ人の一人であり、原発労働者を取材して撮影してきた写真家の樋口健二さんがあいさつ。『私には「伝える力」しかありません。みなさんと一緒に運動を盛り上げましょう』と訴えた。かつて配管工として原発の建設や補修作業に従事し、労働組合を結成した斎藤征二さんは、自らが経験した原発内での除染作業と比べて、今の除染作業はあまりにもお粗末であると語る。いずれにせよ、健康を守るためにはきちんとした保護具を付けることが非常に大切だと訴えた。

福島県いわき市で活動する全国一般いわき自由労組の桂武さんからは、除染作業にともなう危

図１　全国最大需要電力推移

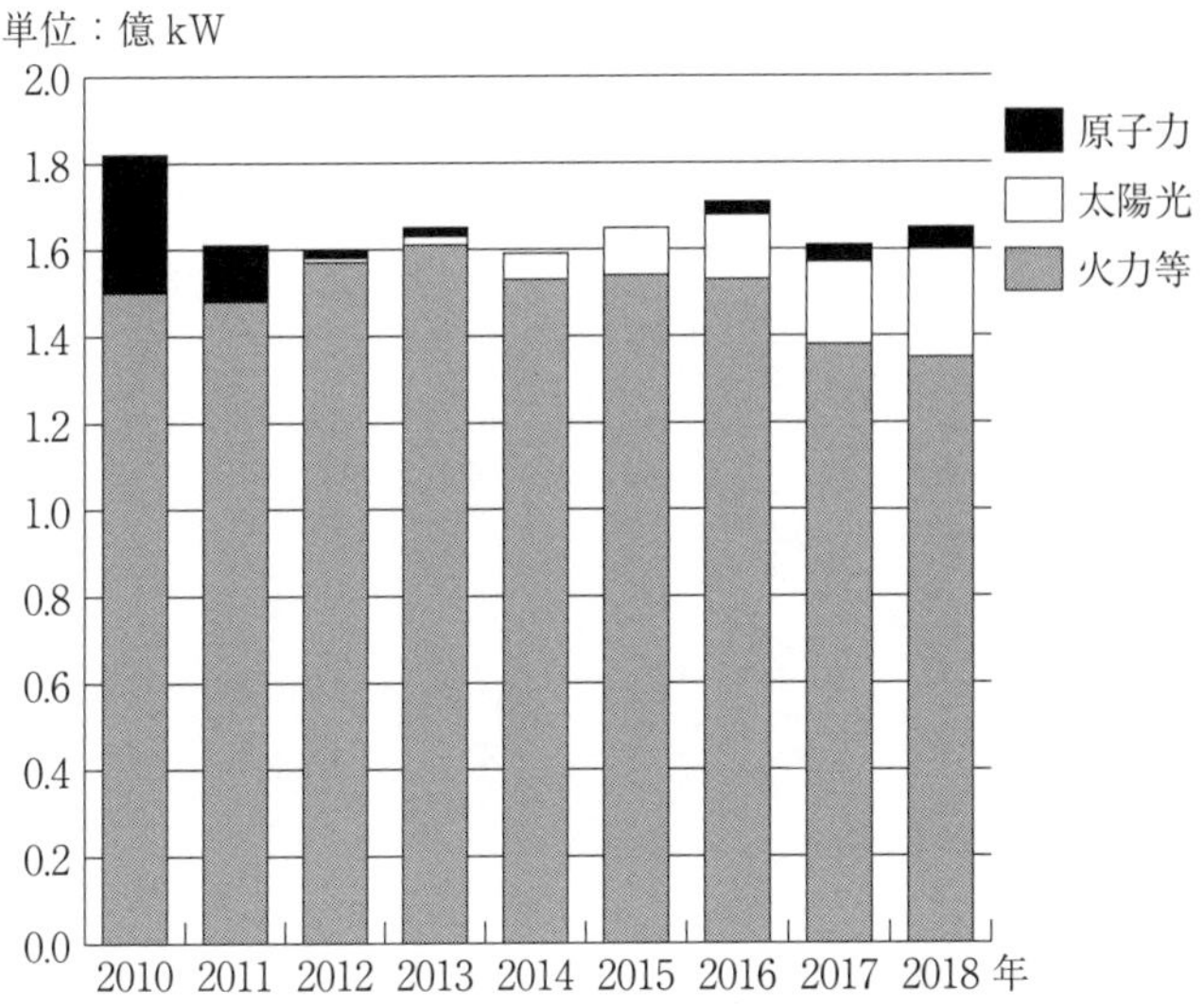

『はんげんんぱつ新聞』第489号より

険手当のピンハネ問題が報告された。

神奈川労災職業病センターの川本が、すさまじい被ばく線量、緊急作業の位置付け、電力会社の安全衛生をめぐる法的責任のあいまいさなどの問題を提起した。会場からは、再稼働に反対する活動報告やさまざまな意見が出された。最後に全国日雇労働組合協議会の中村光男さんが、いわき市に拠点を作る計画を提案した。資金的なこともあるが、その役割についてもみんなで議論をしていきたい、さまざまな立場の人たちがさまざまな形で、被ばく労働者を支援してゆくためのネットワークを作ってゆこうとまとめられた」（二〇一二年十二月号）。

二〇一三年　全原発停止再び

原発稼働ゼロ

二〇一三年九月十五日、再びの全原発停止を迎えた。「もう動かすな原発！」福井集会実行委員会事務局の林広員《ひろかず》さんが報告。

「国内で唯一稼働していた関西電力大飯原発4号機が定期検査に入り原発稼働がゼロとなった九月十五日、福井市中央公園で『もう動かすな原発！福井集会』が開催され、八〇〇名を超える人々が参加しました。

集会の冒頭、福島県南相馬市出身で滋賀県で避難生活を送る青田恵子さんが自作の詩を朗読。『原発はいちどに何もかも奪った』と、故郷に戻れない怒りを訴えました。実行委員長の中嶌哲演・明通寺住職は、『今こそ「もう動かすな原発」「再稼働反対」「さよなら原発」の目標に向かい、手を取り合い、大きくつながろう』と結束を呼びかけました。

会場には、宇宙飛行士の秋山豊寛さんや作家の広瀬隆さんらも顔を見せました。韓国から参加した環境運動連合の金恵貞《キム・ヘジュン》代表は、『放射能汚染に国境はない。韓国市民も福井での再稼働反対の運動を強く応援している』とエールを送りました。希望する参加者三七名が一分間スピーチで登場し、『危険な原発はいらない』『放射能汚染水がコントロールされているという安倍首相の発言は許せない』など、若い女性から高齢の男性まで、日本全国、福井県民も多数が参加し、発言しました」(二〇一三年十月号)。

脱原発八三八万署名を官邸が拒否

二〇一三年十一月二十六日、「さようなら原発一〇〇〇万署名運動」は、集まった八三七万九〇〇〇人分の署名を衆参両院議長に提出した。首相あてにも提出しようとしたが、官邸が受け取りを拒否したと、署名呼びかけ人の鎌田慧さんは憤る。

「これは昨年六月の第一次分提出につづく行動である。この間に政権交代があって、首相および衆参両議長が変わったが、全国での脱原発の願いは、強まることはあっても弱まることはない。署名簿は、衆議院では輿石東副議長、参議院では赤松広隆副議長に提出した。席上、プライバシー保護意識が強まっている現在、敢えて氏名ばかりか住所までも記入する署名要請に応じて、希望を託す人びとが八三八万人に達していることを国会議員も受け止めるように、と強く要請した。そのあと、一行は首相官邸に向かった。が、警備の警官が阻んで近づかせなかった。野田首相の時は、藤村修官房長官が受け取り、遅ればせながら『二〇三〇年代』原発ゼロを表明したのだが、安倍内閣は八三八万人の意思の受け取りを拒否して、敵対的だった(翌日、内閣府に提出)」(二〇一三年十二月号)。

新潟県民投票条例案は否決

「『東京電力柏崎刈羽原子力発電所の稼働に関する新潟県民投票条例』の制定を求めて、わたしたち市民団体『みんなで決める会』は一二年の夏から法定署名を集め、十二月二十五日に直接請求しました」と報告するのは、「みんなで決める会『原発』新潟県民投票を成功させよう！共同代表」の橋本桂子さん。

「一三年一月の臨時会が開かれ、新潟県議会に於いて審議の上、原案、知事修正案とも『否決』。賛成七、反対四四でした。

今回の審議で知事は『条例案を修正し県民投票を実施すべき』と主張しました。具体的な課題と共に修正ポイントも提示し、充分な情報提供の必要性を説き、さらに、県民投票の結果〝稼働に賛成〟が過半数を占めた場合であっても安全性が確認されなければ、その結果を尊重しない条項を追加することまで示唆しました。しかし県議会では否決。県民は議会に失望し、議会は県民に背を向けている図式です。

私たちは諦めません。県民＝主権者として主体性を持ち、これからも高めあっていきたいと考えています」（二〇一三年二月号）。

むつ使用済み燃料中間貯蔵施設反対

その柏崎刈羽原発からの使用済み燃料搬入がもくろまれている青森県むつ市の反対運動を、「核の『中間貯蔵施設』はいらない！下北の会」の佐々木まき子さんが報告する。

「国内初の使用済み核燃料中間貯蔵施設建屋が八月下旬に完成した。東京電力は、柏崎刈羽原発に貯蔵されている核のゴミをこの建屋に搬入し、再稼働することを目論んでいる。

〝2013年反核燃　秋の共同行動〟は、六ヶ所再処理工場本格稼働、東通原発再稼働、大間原発、そしてむつ中間貯蔵施設反対をスローガンに十月五日に青森で、翌六日にむつ関根浜の『浜の家』前共有地で開催された。『「むつ中間貯蔵施設反対！」は柏崎刈羽原発からの核のゴミの搬入を阻止し、再稼働させせない。そのためにも柏崎刈羽の住民と連帯しよう！』の副題があり、本州最北の下北半島に建設されたこの施設がいま正に重大なのだと再認識した」（二〇一三年十一月号）。

二〇一四年　再稼働めぐる攻防

大飯3、4号運転差止め判決

二〇一四年五月二十一日、福井地裁は、大飯原発から二五〇キロメートル圏内の原告一六六名の請求に応じて、被告の関西電力に対し、「3、4号機の原子炉を運転してはならない」との判決を言い渡した。被告側が控訴したため運転は止められないが、原告団代表の中嶌哲演さんは判決の意義を強調する。

「同原発の再々稼働以前に、3・11後の画期的な初判決を――と、原告団も福井地裁の裁判指揮も全力を傾注した。が、この歴史的な名判決は、3・11以前の苦難の歩みをふくめ、以後の広範な人々の想いと願いが結晶したものでもある。また同判決は、経済至上主義の『必要神話』と科学技術信仰の『安全神話』に追従し、地元住民や国民の『人格権』を置き去りにしてきた立法、行政、司法をふくむ、病める原発推進体制への『頂門の一針』ともなった」(二〇一四年六月号)。

残念ながら二〇一八年七月四日、名古屋高裁金沢支部は運転差止めを取り消す判決を下した。

川内原発再稼働への動き

再稼働第一号をめざす川内原発に対し、隣接の鹿児島県いちき串木野市議会では「市民の生命を守る実効性のある避難計画の確立を求める意見書」が採択され、他方、鹿児島県議会では再稼働推進の陳情が採択された。

いちき串木野市議会の報告は「九電消費者株主の会」の深江守さん。

「川内原発から五〜三〇キロに位置する鹿児島県いちき串木野市で、五月十日から始まった『市民の生命を守る避難計画がない中での川内原発再稼働に反対する緊急署名』。三万人を少し切る市民の過半数を超える署名を目標に取り組まれてきたが、みごと一万五四六四筆の署名を達成し、六月二十四日、市長と市議会議長に提出された。二十六日には、市議会に『市民の生命を守る実効性のある避難計画の確立を求める意見書』が議員提案され、全会一致で可決された」(二〇一四年七月号)。

鹿児島県議会については「反原発・かごしまネット」の向原祥隆《むこはらよしたか》さんが報告する。

「まさに怒濤の鹿児島県議会でした。推進派の伊藤祐一郎鹿児島県知事が急きょ設定した議会日程が明らかになった十月三十日の晩午後七時、私たちは県庁玄関左側にテントを張り、二四〇時間座り込みに突入しました。テントの横腹には、『川内原発の再稼働は許さない！』という大

鹿児島市での川内原発再稼働阻止集会。2014年9月28日。

きな文字。連日泊まり込んでの抗議行動です。

十一月七日の最終本会議、一五〇の傍聴席を埋めた市民の手には、それぞれ赤く『NO』の文字の印刷されたポスター。推進陳情の採択に移ることを議長が宣言すると、一斉に立ち上がり『再稼働反対』の大コール。『静粛に』と議長が繰り返すも、議場は怒号の渦に包まれました。そんな中での強行採択でした」（二〇一四年十二月号）。

『原発ゼロ社会への道』

高木仁三郎市民科学基金の特別事業として設立された「原子力市民委員会」が二〇一四年四月、提言書『原発ゼロ社会への道　市民がつくる脱原子力政策大綱』を発表した。原子力市民委員会事務局長の細川弘明《こうめい》さんは自負する。

「ちょうど政府の『エネルギー基本計画』の閣議決定とほぼ同時に発表することとなったが、政府の計画と私たちの政策提言とを読み比べていただければ、どちらがより包括的で具体的、また現実的かつ経済合理的で、なおかつ倫理的であるか、はっきりと判断してもらえるものと自負している。脱原子力政策大綱では多くの分析と提案がなされているが、大きな特色は、『原発推進』から『脱原発』への転換を実現するために法律と行政組織の枠組みをどう変えればよいのかの青写真を示したことである。原発を維持することの財政面・政策面での大きなマイナスも具体的に示された。

再稼働をめぐっては『新規制基準』が安全上の深刻な問題をはらんでいることが徹底的に分析されている。核のごみの処理についても詳しく種類ごとに提言されており、今後の議論を進める上で避けて通れない負担と責任の問題にも踏み込んでいる」(二〇一四年五月号)。

新聞折り込み広告で「紙の上のデモ」

小さな運動も大きな意味を持つ。「意見広告市民の会」のすずきひろこさんは言う。

「私たちは昨年から市民の脱原発宣言を一般新聞に折り込んでもらうという取り組みを始めました。二回目の今年は昨年より一五〇名多い四九九名の参加により埼玉県入間、飯能、日高各市で五万五〇〇〇部の新聞に意見広告を入れることができました。これは、一口五〇〇〇円の賛同費をいただき、お名前と二〇文字以内のメッセージを掲載するというものです。

賛同人集めも終盤の一月末、ケアハウスに入所している女性をお訪ねし、その方の『官邸前やデモに参加したいけど体に麻痺があって諦めていました。自分の思いを表現できて嬉しいです』という言葉を聞いた時、意見広告は紙の上で行なうデモなんだ！と気付かされました。

デモに行きたくても行けない人も多いでしょう。自分の思いを発信することはひとつの行動です。それは人と人とをつなげてゆくことはもちろんですが、自分自身の思いを継続し、風化させないためにも大切なことだと思います」（二〇一四年四月号）。

二〇一五年　廃炉の時代へ

もんじゅの断末魔

二〇一五年四月二十七日に敦賀原発1号機、美浜原発1、2号機、玄海原発1号機、三十日に島根原発1号機が廃止され、いよいよ廃炉の時代に入った。そして十一月十三日、原子力規制委員会が文部科学大臣に事実上の「もんじゅ」の開発中止勧告を行なうに至った。新たな「もんじゅ訴訟」を提訴した報告で、「原子力発電に反対する福井県民会議」事務局長の宮下正一《まさいち》さんが言う。

「『もんじゅ』がナトリウム漏れの事故を起こして、二〇一五年十二月八日で、満二〇年となりました。その日に先立ち十一月十三日に原子力規制委員会から文部科学大臣に『勧告』が行なわれました。原子力研究開発機構はもんじゅを運営できる能力が無いので、運営主体を変えよとのものです。二〇年もの時間を経過してからの勧告は、遅すぎるとも言えますが、それでもこのような勧告が出たことはもんじゅを廃炉に追い込むためには良いものです。

このような中で、規制委員会を裁判の場に呼んで、自ら出した勧告が適正に実行されるように監視と実行を迫るために『新・もんじゅ訴訟』を起こすことになりました。僅かな時間での呼びかけでしたが、一二府県から一〇六名の原告が集まりました。十二月八日に東京と福井で記者会見を行ない、二十五日には東京地方裁判所前で一一人の原告、四名の代理人、四〇人を超す支援者により訴状提出前段での集会を開きました」（二〇一六年一月号）。

川内原発再稼働

二〇一五年八月十一日、川内原発1号機の再稼働が強行された。それを阻止しようと反対運動が力いっぱい繰り広げられた。まずは「原発いらない鹿児島の女たち」の小川みさ子さんが報告する二〇一五年二月の「鹿児島の女たち&福島の女たちの共同アクション」。

「昨年十一月、鹿児島県知事と薩摩川内市長が再稼働容認を表明し、九州電力は手続きさえ整えば今にも再稼働させようとしている中、『川内原発1、2号機の再稼働を何としても止めたい』鹿児島の女性たちと、『フクシマを風化させせない』福島の女性たちが二月四、五日、初めての共同アクションを行ないました。鹿児島からは、県下の各地域・各分野の二〇～六〇代の様々な年齢層の女性一七名が参加。福島の女性一五名と顔合わせの後、まずは経産省前テントひろばにて激励と連帯のアッピール、次いで原子力規制委員会前行動と経産省、規制委員会、内閣府に対する申し入れ交渉を行ない、首相官邸前、九州電力東京支店、東京電力本店前の抗議行動を夜まで続け、翌日は参議院会館院内集会、ランチデモと熱い行動を展開しました」（二〇一五年三月号）。

六月七日には福岡市で「ストップ再稼働！三万人大集会in福岡〜川内原発のスイッチは押させない！〜」。同集会福岡実行委員で「原発なくそう！九州玄海訴訟原告団」事務局の田中みゆきさんが報告。

「全国各地から一万五〇〇〇人が参加しました。本集会開会前、会場では約三〇の店舗が出店するマルシェがオープン。『福島をわすれない広場』では、被災者支援として医師による健康相談、弁護士による法律相談なども行ないました。

本集会は、先の統一地方選挙で原発に頼らない社会の実現を訴え、福岡県知事選挙に立候補した後藤富和弁護士のあいさつで開会しました。福島原発告訴団の武藤類子さんは『福島原発事故からまだわずか四年しかたっていません。何一つ解決していないのに、国や電力会社の再稼働の動きは私たち被害者にとっても信じがたいことです』と批判しました。また、川内原発建設反対連絡協議会会長の鳥原良子さんは『不当な再稼働ありきの国や県、電力会社の推進に対して、全国のみなさまの再稼働反対の声、福島の現地のみなさんの声に励まされています。あきらめず、がんばりつづけましょう』と発言しました」（二〇一五年七月号）。

鹿児島と福島の女たちが共同アクション。2015年2月。

そして再稼働強行。「川内原発建設反対連絡協議会会長」の鳥原良子さんが悔しい思いとともに「あきらめず廃炉への道をとことん歩き続けます」と宣言する。

「二〇一一年、党や宗派を越えて約九五団体が集う『さよなら原発3・11鹿児島集会実行委員会』（再編して現在の『ストップ川内原発再稼働！3・11鹿児島集会実行委員会』）を立ち上げ、抗議集会や署名活動等さまざまに運動を繰り広げてきました。今年八月七日から十一日の五日間は、3・11実行委員会が中心になって全国の再稼働阻止の思いを集中させ、灼熱の太陽の下、大勢の警官隊に囲まれながら川内原発ゲート前行動をやり抜きました。

特に九日の久見崎海岸集会とゲート前までの往復四キロメートルのデモに二〇〇〇人強が参加し、審査不十分、住民説明なし、避難訓練なしでも再稼働を許す規制委員会への不信を募らせつつ、再稼働強行の九州電力へ強く抗議しました。

十日・十一日は、朝六時前から集い始め、県内・全国各地の人々のリレートークで再稼働反対、脱原発への思いが噴出しました。腹立たしくも、十一日一〇時半、制御棒が抜かれ、1号機再稼働で日本の一年一一ヵ月に及ぶ原発ゼロ社会は、幕を閉じてしまいました」（二〇一五年九月号）。

「ひだんれん」設立

二〇一五年五月二十四日、「原発事故被害者団体連絡会（略称・ひだんれん）」の設立集会が、福島県二本松市で開催された。「全国の一〇団体とオブザーバー三団体の計一三団体で発足しますが、参加を検討されている団体や、提訴の準備をされている地域の方など、今後、広がる可能性があります」と「福島原発告訴団」事務局長の地脇美和さん。
「昨年十一月に『原発事故被害者集会』を、全国の裁判の原告団、弁護団、支援団体など三〇団体の賛同、協力で開催して以降、このつながりを、継続させて広げていきたいと、話し合いを続け、『ひだんれん』設立を迎えました。

「ひだんれん」設立集会。2015年5月24日。

『ひだんれん』は、『参加団体間の連携により東京電力と国への要求実現のための取り組み』、『参加団体間の情報交換、情報ツールの提供、共同の研究・研修活動』を行ないます。また、『活動目標』は、『東京電力と国による被害者への謝罪』『被害の完全賠償、暮らしと生業の回復』『被害者の詳細な健康診断と医療保障、被ばく低減策の実施』『事故の責任追及』です」（二〇一五年六月号）。

十月二十九日には「『避難の権利』を求める全国避難者の会」が参議院議員会館で設立総会を開いている。事務局の宍戸俊則さんが報告する。

「私たちの会の参加条件は基本的にただ一つです。東京電力の原発事故に関連して、避難元、避難距離、避難時間にかかわらず、一度でも避難行動をとった経験があること、あるいは今でも避難を続けていることです。

避難者には、共通していることがあります。避難者たちが何を考え、どのようにして避難したのかを、じっくり話を聞いてもらったことがなく、避難の状況を数や層として把握されたことがないのです。

避難元の場所も、避難先の場所も、避難先での人間関係も苦しさも、それぞれ違います。違いを受け入れたまま、手を取り合うこと。それが、この会の、大きな目標です」（二〇一五年十二月号）。

宮城の指定廃棄物最終処分場を考える

「指定廃棄物」問題でのシンポジウムが二〇一五年新春に宮城県で開かれた。「女川原発の再稼働を許さない！みやぎアクション」の多々良哲さんが報告。

「昨年十月、環境省は指定廃棄物最終処分場の候補地に選定した宮城県内の国有林三ヵ所（栗原市、加美町、大和町）を一ヵ所に絞るための現地調査に乗り出しました。それに対して加美町では、再三やってくる調査員の進入を阻んで、素手の町民達が座り込む『非暴力・不服従』の抵抗運動が繰り広げられ、さすがの国も手出しができないまま、十一月中旬山に雪が降り、ついに調査は『越年』となったのです。

そして一月二十五日、春の雪解けまで『一時休戦』の間に、住民側の『理論武装』を固めようと、『指定廃棄物最終処分場を考えるシンポジウム』が仙台市内で開催されました。現地三市町を中心に多くの県民と、千葉県、栃木県塩谷町、山形県尾花沢市からの参加者も加わり、約四〇〇人で会場は超満員となりました。

このシンポは現地三市町の住民団体が連携して呼びかけ、県内の多くの市民団体、生協、労組等が協賛・協力する形で開催されました。現地の強固な住民運動を核として、処分場反対の広範な県民世論を形成し『オール宮城』の運動としていく契機となりました。さらに『そもそも国の原子力政策がおかしい』という共通の認識から、女川原発再稼働反対運動と合流していく機運も芽生えています」（二〇一五年二月号）。

三〇回目の「幌延デー」集会

高レベル放射性廃棄物の処分問題では、北海道幌延町で三〇回目となる「幌延デー」集会が開かれている。北海道平和運動フォーラムの長田秀樹さんが報告する。

「前日からの積雪、氷点下の気温を記録する中、十一月二十三日、『北海道への核持ち込みは許さない！　11・23幌延デー北海道集会』が、『高レベル放射性廃棄物』を地下三五〇メートル以深に埋める（＝『隠す』）研究をすすめている深地層研究センターがある幌延町で開催された。今年は、中央フォーラム、原子力資料情報室をはじめ、全国各地の平和フォーラム組織（新潟・福井・関西・東海・関東・青森）などからの参加もあり約一二〇〇名が結集した。

一九八五年十一月二十三日未明、旧動燃（現・日本原子力研究開発機構）が放射性廃棄物の中間貯

蔵施設整備に向け、現地踏査を強行して以来、八六年から毎年開催し、今年で三〇回目を数えた。集会では、北海道平和運動フォーラムの山木紀彦代表が『三〇回目の節目だが、原発が次々と再稼働され、核のゴミは増え続けている』と活動の継続を訴えた。集会後は、トラクター三台の先導で幌延町中心部をデモ行進し、『幌延に核のゴミは持ち込ませないぞ』とシュプレヒコールをあげた」（二〇一五年十二月号）。

世界核被害者フォーラム

二〇一五年十一月、広島で「世界核被害者フォーラム」が開かれた。事務局長の森滝春子さんが報告する。

「二〇一四年五月に広島と長崎の反核市民団体が連帯して実行委員会を結成し、足掛け二年がかりで実現に向け取り組んできた『広島・長崎被曝七〇周年　核のない未来を！世界核被害者フォーラム』（一一・二一〜二三広島）が終わった。

海外からの招聘者は、ウラン鉱山発掘現場のインド・アメリカ・オーストラリアのいずれも先住民居住地域から、数千回も繰り返されてきた核実験被害地のアメリカ・オーストラリア・中国から、チェルノブィリ原発事故のリクビダートル、科学者などの関係者がロシア・ウクライナから、劣化ウラン被害の蔓延するイラクから、広島で被爆した在韓被爆者、また反核運動家、法律家、医科学者たち九ヵ国一七人となった。参加者は三日間で延べ一六ヵ国一一一五名となった。

被曝しない権利、生きる権利、等しく救済されるべく権利のために『広島宣言　世界核被害者人権憲章』を採択し、『核と人類は共存できない』ことを宣言した」（二〇一五年十二月号）。

二〇一六年　「もんじゅ」廃炉

最後の「廃炉へ！」集会

高速増殖原型炉「もんじゅ」が、いよいよ年貢の納め時を迎えた。二〇一五年九月二十一日、原子力関係閣僚会議は、こう決定した。「『もんじゅ』については、廃炉を含め抜本的な見直しを行うこととし、その取扱いに関する政府方針を、高速炉開発の方針と併せて、本年中に原子力関係閣僚会議で決定することとする」。けっきょく十二月二十一日の原子力関係閣僚会議で廃炉が本決まりとなる。

毎年開かれてきた「もんじゅを廃炉へ！全国集会」も、原水爆禁止日本国民会議の藤本泰成事務局長が最後となる報告。

「十二月三日、高速増殖炉『もんじゅ』を間近に見る白木海岸（福井県敦賀市）は、例年にない暖かい日差しに覆われていました。雪や雨、大陸から日本海を抜けてくる寒風の中の集会が常であったことを思い起こすと、廃炉が決定的になった『もんじゅ』が抵抗することをあきらめたかにも思えました。

集会前日の二日、『もんじゅ集会』の実行委員会七団体は、福井県および敦賀市に申し入れを行ないました。要請内容は、今も炉内を循環するナトリウムを配管から抜き取り安全に管理することや、使用済み燃料・放射性廃棄物の処分に関してでした。ここでも、廃炉は前提となっていました。

『もんじゅ』廃炉の決定は『国策に協力してきたことへの裏切り』という福井県の西川知事の思いもわからないではありません。原発立地に頼るのではなく、地域振興にどう対応していくのか。そのことが自治体に求められていると同時に、政府は『もんじゅ』廃炉後の地域振興に援助を惜しんではなりません。私たちの脱原発の運動もまた、地域の人々とともになくてはならないことを痛感した集会でした」（二〇一六年一月号）。

福島原発刑事訴訟スタート

二〇一五年二月二十九日、東京電力の元役員三人が、業務上過失致死傷の罪に問われて東京地裁に起訴された。起訴をしたのは、検察官ではなく、裁判所から指定されて検察官の職務を行なう指定弁護士五人である。東京地検が二度にわたり不起訴としたものを、東京第五検察審査会が市民の考えで起訴相当と判断したことから、強制起訴となったものだ。起訴を前に一月三十日、「福島原発刑事訴訟支援団　1・30発足のつどい」が、東京の目黒区民センターホールで開かれた。支援団長の佐藤知良さんが報告する。

「大雪の中バスで駆けつけた福島の住民はじめ、悪天候にもかかわらず四〇〇人を超える人々が集まった。

勝俣恒久元会長ら東京電力の旧経営陣三人が業務上過失致死傷罪で強制起訴されるのを前に、

東京電力福島第一原発事故の真実と責任の所在を明らかにする刑事裁判の行方を見守り支える福島原発刑事訴訟支援団は、事故被害者と心をつなぎ、原発社会に終止符を打とうとする決意に燃え、会場は熱気に包まれた。つどいは、力強い出発の第一歩をしるすものとなった」（二〇一六年二月号）。

「避難の協同センター」設立

二〇一六年七月、「避難の協同センター」が設立された、と「パルシステム生活協同組合連合会」の瀬戸大作さん。

「政府と福島県が来年三月末をめどに、原発事故の区域外避難者（＝自主避難者）への避難先住宅の無償化打ち切りを打ち出したことで、避難者への支援打ち切りや帰還促進に向けた動きが避難受け入れ自治体の側でも始まった。

これに伴って、避難者の孤立や経済的な困窮が起きていることから、避難当事者と支援者が中心となって七月十二日、避難先での生活支援や情報共有、相談、そして自治体への支援の継続要望などを行なう『避難の協同センター』が設立された。

こうした状況を打開するため、センターは主に支援や要望活動を展開する。一つは避難者の相談。住まいや生活全般、就労、子育て、ひとり親世帯が抱える困難など、幅広く相談に乗る。二つは、受け入れ自治体の公営住宅などからの退去を求められた際の具体的な対応への協力。三つは避難者同士の情報共有や交流による支え合いの場づくりで、孤立・自殺を防止する。そして、自治体に対する具体的な支援策の要望。この中では『被曝させられない権利』と『避難の権利』も求めていく」(二〇一六年八月号)。

九月九日には「3・11甲状腺がん子ども基金」が発足している。同基金の理事を務める「Ｆｏ
Ｅ Ｊａｐａｎ」の満田夏花《かんな》さんが報告。

「甲状腺がん悪性または疑いと診断された子どもたちの数は一七四人にのぼる。このうち手術後に確定した子どもたちは一三五人。福島県の近県でも、子どもたちの甲状腺がんが報告されている。しかし政府は原発事故の影響とは考えにくいとしており、包括的な支援策がとられていない。

甲状腺がんと診断された子どもと家族は孤立し、度重なる診察や通院費用で経済的に困窮して、進学や就職、結婚、出産などの面でも困難に直面している。

治療費や通院費などの給付を含めた経済的支援が必要だ。また、事故の影響による血液系のがんや固形がん、非がん系の疾病など予想される様々な健康被害の調査・対策が急務となっている。

こうした状況をうけ、甲状腺がんや甲状腺疾患、その他の被曝影響によると思われる病気に苦しむ子どもたち等への支援と、原発事故による健康被害状況の調査・把握を行なう目的で、『3・11甲状腺がん子ども基金』が発足した(代表：崎山比早子／元国会事故調委員)。

基金は、当面は二〇〇〇万円を目標に寄付を募り、甲状腺がんの治療を受ける子どもたちへの給付金支援を行なう。また、原発事故による健康影響の現状把握や相談業務を行なう」(二〇一六年十月号)。

泊原発再稼働阻止・大間原発建設反対で集中行動

二〇一六年十月、泊原発再稼働阻止・大間原発建設反対の集中行動が展開された。「泊原発再稼働阻止実行委員会」共同代表の佐藤英行さんが報告する。

「十月三日から十日まで、泊原発再稼働阻止実行委員会による集中行動が行なわれた。十月三日、日本原燃がある六ヶ所を皮切りに東通原発〜大間原発、そして津軽海峡を渡り、泊原発再稼働阻止実行委員会、泊原発再稼働阻止・大間原発建設反対自転車隊は前進する。北海道では泊原発周辺一四自治体に四団体からの再稼働させない申し入れ書を提出。八日に札幌市大通公園での一〇〇〇万人アクション・北海道主催の全道集会に合流した。

九日は、泊原発三基が見える岩内新港緑地で『後志《しりべし》・原発とエネルギーを考える会』主管の泊原発再稼働阻止集会。アイヌ民族石井氏による大地への祈りの後、悪天候にもかかわらず全国から集まった二三〇人の参加で集会。鎌田慧さんの発言から始まり、福島・伊方・大間を闘う各人からの発言の後、風船プロジェクトによるハガキをつけた五〇〇〇個のエコ風船を飛ばす。意気は上がりデモへ出発。

十日は『行動する市民科学者の会・北海道』主管による泊原発周辺の地層・地質の現地見学ツアーに六〇名以上の参加。海岸線や火砕流の跡地で、北電が主張している内容がいかに再稼働ありきのためとする論理構成であるかを、小野有五北大名誉教授より解説を受けた。

四月から始まった周辺二〇自治体で六四回、札幌市で一回行なわれた『新規制基準と北海道電力による安全対策』説明会がいかに欺瞞に満ちたものであることが明らかになった」（二〇一六年十一月号）。

高浜原発3、4号運転禁止の仮処分決定

「二〇一六年三月九日、大津地裁は、関西電力高浜原発3、4号機運転禁止仮処分中立事件において、住民の申立てを認め、運転を禁止する仮処分命令を発令した。これによって、三月十日、関西電力は、運転中であった高浜3号機の発送電を停止した」と、「高浜原発仮処分滋賀訴訟弁護団」の井戸謙一団長が喜びの報告。

「司法の判断で、運転中の原発の運転が停止されるのは、史上初めてである。また、原発立地県以外の裁判所で原発の運転差止めが命じられるのも史上初めてである。勇気をもって決断した三人の裁判官に深い敬意を表したい。裁判官に対しては、早速『常軌を逸した決定』等の誹謗中傷がなされている。これが予想されたのに、裁判官が差止めの決断ができたのは、広範な世論がその決断を支持してくれると実感できたからだろう。広範な市民の運動と司法の正義がコラボすることによって原発ゼロの社会を作っていく現実の可能性が出てきたのである」（二〇一六年四月号）。

この処分も翌二〇一七年三月二十八日、大阪高裁で取り消された。

経産省前テント強制撤去

二〇一六年八月二十一日、日曜日の深夜、午前三時四〇分過ぎに、経済産業省前に建てられて

高浜原発３、４号機の運転を止めた仮処分決定。2016年3月9日。

いたテントが強制撤去された。「テントひろば」一八〇七日目のことである。三上治さんが、「テントの撤去後もかつてのテント前ひろばでは座り込みやスタンディングという形での行動が続いている」と伝えている。

「テントはもうなくて『テントここに在り』という看板だけのひろばであるが、この場所は独特の雰囲気を醸し出している。座り込み、スタンディングしながら、談笑しているだけだが、テント前ひろばとしては以前と変わらないという気持ちになっている。

この雰囲気はテントが五年近く続いたということの余韻なのか、どう続いていくのかは分からない。ひろばにはなっているということは今のところ感じられるわけで、いいことであるに違いない。

なんとか従来の集会とデモという形態では不可能な、もっと持続的で、原発を推進する相手（敵）を明瞭にしたかった。従来的な集会やデモには僕も参加しているわけだから、否定しているわけではないが、経験も含めてそれは儀式化し、減衰していくことも免れえないとおもった。

これはたいしたことではないが、ともかく、持続的で相手を明瞭にしていくという気持ちは強かった。そして、幾分かであれ、達成しえたと思う」（二〇一六年九月号）。

二〇一七年　どうする核のごみ

岡山で全国交流会

二〇一七年六月三、四日、岡山で「どうする原発のゴミ　全国交流会」が開催され、二一都道府県一八〇人が参加した。「核のごみキャンペーン関西」の末田一秀さんが報告する。

「原発のゴミ、高レベル放射性廃棄物については、最終処分関係閣僚会議が『国が科学的有望地を提示したのち、国が前面に立って重点的な理解活動を行った上で、複数地域に申し入れを実施する』との新たなプロセスが打ち出し、地図による適地提示がいよいよ七月にも行なわれるのではという段階に至っています。そこで、問題点やこれまでの動きを整理し、今後どのように対応すべきかを話し合う集会となりました。

一日目の基調講演では、私が『一〇年で漏れ出す放射能』と題して地層処分の危険性を、原子力資料情報室の伴英幸さんが『適地提示の意味するもの』と題してこの間の動きを解説しました。

各地報告は、北海道、青森、岡山、佐賀、鹿児島から。

二日目は、元東京都国立市長の上原公子さん、岡山の『放射能のゴミはいらない！県条例を求める会』の赤井藤子さんと私で、適地提示をいかに跳ね返すかをテーマにパネルディスカッション。その後、参加者のフリー討論で、熱く充実した集会となりました」（二〇一七年七月号）。

「科学的特性マップ」が公表された七月二十八日には、原子力資料情報室、原水爆禁止日本国民会議／フォーラム平和・人権・環境、さよなら原発一千万人アクション、核のごみキャンペーン関西、反原発運動全国連絡会、どうする！原発のゴミ・全国交流会岡山県実行委員会が共同で「高レベル放射性廃棄物処分場『適地マップ』公表に当たっての声明」を発している。

柏崎刈羽6、7号機再稼働に新潟県が待った

二〇一七年十二月二十七日、原子力規制委員会は柏崎刈羽原発6、7号機が新規制基準に適合しているとして原子炉設置変更許可を出した。それに対し新潟県は、福島原発事故についての県独自の検証結果が出るまで再稼働について議論しないとしている。反原発新聞新潟支局の武本和幸さんが解説する。

「県は、福島事故の原因や影響、事故時の避難方法について三つの委員会で検証する。既設の新潟県原子力発電所の安全管理に関する技術委員会（以下、技術委員会）に加え、新たに、新潟県原子力発電所事故による健康と生活への影響に関する検証委員会（以下、健康生活委員会）と新潟県原子力災害時の避難方法に関する検証委員会（以下、避難委員会）を設けた。そして三つの委員

会を束ねる検証総括委員会を設置するという。

健康生活委員会は九人の委員で構成され、九月十一日に第一回が開催された。健康生活委員会には五人の健康分科会と四人の生活分科会がある。避難委員会は九人の委員で構成され、九月十九日に第一回が開催された。

技術委員会は、〇二年八月二十九日の東京電力のトラブル隠し事件を契機に〇三年二月に設置され、一五年余の歴史を持つ。〇七年七月十六日、新潟県中越沖地震が柏崎刈羽原発を襲ったことで、二つの小委員会（設備健全性・耐震安全性に関する小委員会七人と地震、地質・地盤に関する小委員会四人）が設けられた。一一年三月十一日、東北地方太平洋沖地震が起こり、福島第一原発が炉心溶融を起こして以降、技術委員会は委員を拡充した。一七年四月一日現在の委員数は一五人である。

柏崎刈羽原発1〜4号機側は液状化により防潮堤が機能せず、津波により水浸しになることが判明した。免震重要棟の耐震性も偽っていた。柏崎刈羽原発の敷地は活褶曲地域に位置し、二三本の断層が原子炉直下に確認されている。敷地地盤が液状化したり大きな揺れを想定しなければならない敷地は、立地不適合のはずである。

原子力規制委員会は『東電の原子力事業者としての資格（適格性）』も審査対象としたが、そもそも福島第一原発の廃炉の見通しがたたず、責任を負うこともできない東電に柏崎刈羽原発を運転する資格はない。被害地元となる三〇キロ圏を中心に原発被害が全県・全国に及ぶことで反原発・再稼働反対の世論を高め、再稼働を阻止したい」（二〇一七年十月号）。

東海第二原発囲む人間の鎖

二〇一七年八月二十六日、茨城県東海村で「原発いらない茨城アクション〜東海第二原発二〇年運転延長を許すな！　人間の鎖〜」が実施された。「東海村での人間の鎖は、3・11大震災の翌年の二〇一二年二月二十六日に『東海第二原発ハイロアクション』を実施して以来、二回目の大きな行動となりました」と、茨城平和擁護県民会議の相楽衛事務局長。

「当日は、三〇度を超す蒸し暑い天気となりましたが、集会開催地の阿漕ケ浦《あこぎがうら》公園には、大型貸切バスや東海駅からのバス輸送による参加者が県内・全国・関東各県から続々と集まり、前段集会には、約一一〇〇人の参加者が結集しました。

集会は、東海村議の阿部功志さんの司会・開会挨拶で始まり、主催者を代表して小川仙月さんが挨拶。訴えでは、前東海村長の村上達也さん（脱原発をめざす首長会議）が、『目先の利益のために原発を動かしてはならない』と原発再稼働を批判しました。続いて、ゲスト参加のルポライターの鎌田慧さんは、『東海村では、ＪＣＯ事故で二人の方が亡くなり、今年六月にも大洗町で被曝事故があった。これを見ても原子力産業は危険であることは明らかだ』と訴えました。

集会後、参加者は原電前まで移動し、約三〇分に渡り、国道沿いの原発前敷地を約一キロにわたって人間の鎖（ヒューマンチェーン）で包囲し、『東海第二、再稼働反対』『運転延長、絶対反対』『避難はできない』『原発いらない』など大きなコールがあげ、熱気ある行動となりました」（二〇一七年九月号）。

広島高裁、伊方三号の運転差止め仮処分

二〇一七年十二月十三日、広島高裁は伊方原発3号機運転差し止めの仮処分申請を却下した広島地裁の決定（同年三月三十日）を覆し、一八年九月末までの期限つきながら、差し止めを認める決定を行なった。「原発さよなら四国ネットワーク」の小倉正さんが喜びを報告。

「今回の高裁決定では一〇〇㎞圏の広島市内住民にも原告（抗告人）適格を認めたことが特徴で、六〇㎞圏の私も参加していましたが分断されることなく広島在住の抗告人と勝利を共に祝えました。低線量被曝の影響についてのこれまでの広島のヒバクシャ訴訟での蓄積があったからこそ、一〇〇㎞圏の住民に被害、人格権の侵害を認める決定がなされたのでしょう」（二〇一八年一月号）。

他方、二〇一七年三月二十八日には、高浜原発3、4号機の運転を差し止めた大津地裁の仮処分決定（二〇一六年三月九日）が、残念ながら大阪高裁によって取り消されている。

二〇一八年　どうする使用済み燃料

大飯3、4号運転差し止め取り消し

大飯原発3、4号機の運転差し止めを関西電力に命じた福井地裁判決（二〇一四年五月二十一日）が一八年七月四日、名古屋高裁金沢支部で取り消されてしまった。大飯原発福井訴訟原告団と大

飯原発差止訴訟福井弁護団は共同で怒りの声明を発した。

「審理の過程の中で、関西電力は、住民側が提起した疑問点にはまともに答えようとせず、また、安全性に関する関西電力の主張の根拠となる、基準地震動の算定や地盤調査に関する生データの開示を、一貫して拒否しました。こうした関西電力による不当なデータ隠しにもかかわらず、裁判の中で次々に大飯原発の危険性が明らかになりました。

私たちは、関西電力と国及び福井県に対し、同原発が抱える根本的な危険性から眼をそむけることなく、直ちに同原発の運転を停止するよう、強く求めるものです」（二〇一八年七月号）。

この判決に触れて、「志賀原発を廃炉に！訴訟原告団」の北野進さんは、二つの裁判の進め方の違いを述べている。

「若狭の原発を止めようと立ち上がった『福井から原発を止める裁判の会』と私たち『志賀原発を廃炉に！訴訟原告団』は、隣県の原告団ということもあり、提訴当初から交流を深めてきた。特に大飯3、4号運転差止訴訟控訴審の舞台は、金沢地裁と同じ敷地内にある名古屋高裁金沢支部ということで、私たちは互いに傍聴行動に参加し、大飯控訴審の弁論再開を求める裁判所包囲行動には石川県内からの参加も呼びかけるなど、共闘関係を深めてきた。

このような両原告団だが、裁判長の審理方針に関しては、大飯控訴審が十分な審理を求めてきたのに対し、志賀訴訟は早期結審を求め続けている。一見、真逆の対応だが、原子力規制委員会に追随し、司法の責任を放棄する裁判所を糾弾するという点で、両者の方針は一致している。

大飯控訴審の最大の争点は、『地震、特に基準地震動』であると内藤正之裁判長自ら述べている。これを受け、住民側は規制委の元委員長代理・島崎邦彦氏を証人に申請し、島崎氏は昨年四月、『基準地震動が過小評価されている』という重大な証言をおこなった。ところがその翌月、規制委が大飯3、4号機を新規制基準合格とするや否や、内藤裁判長は、住民側からの大飯原発の具体的危険性を明らかにするための証人申請を次々と却下し、一気に結審へと突き進んだ。再三再四にわたる弁論再開の申し立ても拒否し、今回の再稼働容認判決に至ったのである。まさに再稼働の動きと軌を一にした国策後押し判決であった。

一方、志賀1、2号機の運転差止を求める私たちの訴訟は、すでに主張が尽くされ、北電の反論の時間も十分に保障されてきた。審理を引き延ばす理由はもはやないのである。前任の藤田昌宏裁判長も断層問題を最大の争点と捉え、『規制委員会の判断を待たず、司法としての判断を下す』との方針を示してきた。当然である。

ところが後任の加島滋人裁判長は、今年三月の口頭弁論で従来の方針を一八〇度転換し、『規制委員会の審査を見守るのが妥当』と述べ、司法の判断を回避する姿勢を示したのである。有識者会合で活断層を否定する資料や調査結果を提出できなかった北陸電力は、安倍政権の下で独立性に疑問符の付く規制委の審査に一縷の望みを託している。加島裁判長による方針転換は北電への助け舟に他ならない。

大飯控訴審判決に対し、直ちに抗議声明を発表するとともに、福井の『裁判の会』が毎月おこなってきた裁判所包囲行動を引き継ぎ、金沢地裁前で『司法の責任放棄を許さない』『加島裁判長は活断層問題から逃げるな』と、早期結審を求めるアピール行動を開始した」（二〇一八年八月号）。

大間原発建設差し止め訴訟では二〇一八年三月十九日、函館地裁が訴えを棄却した。ここでも裁判所は原子力規制委員会を隠れ蓑にした。「大間原発訴訟の会」代表の竹田とし子さんが無念の報告をする

「『原子力規制委員会の審査・処分がなされておらず、原発が運転を開始する具体的なめども立っていない現時点で、裁判所が規制委員会の審査に先立って審理判断をすべきではない』と函館地裁の浅岡千香子裁判長が早口で読み上げた。

判決の論旨の基調になったものは、大間原発が動くかどうかわからないから、建設を差し止める必要はないという、おかしな判断に依拠したものだと思う」（二〇一八年四月号）。

伊方2号廃炉決定

二〇一八年三月二十七日、四国電力は伊方原発2号機の廃炉を決定した。「原発さよなら四国ネットワーク」はこれを歓迎しつつも、ある懸念も表明する。

「私たちは燃料ピットに保管中の使用済み燃料の取り扱いがどうなるのか？を懸念している。このままでは、2号機の使用済み燃料も1号機同様、当面は3号機の燃料ピットに保管する計画が作られるだろうが、そこが満杯となって伊方原発3号機の運転にも支障をきたすことにならないよう、崩壊熱の減少が進んでいる過去の使用済み燃料から順に、乾式貯蔵へ移行することになる。そのことが『伊方原発の敷地内で』なしくずしに行なわれるのではないかという懸念である。

私たちは、伊方原発の敷地内に四国電力が乾式貯蔵施設を作ることに反対する。四国電力は責

任のある事業者として、佐田岬半島以外の場所に乾式貯蔵施設の候補地を探す努力をするべきであるが、それも実行が難しいと予想されるからには、伊方原発3号機の再稼働などできようはずもない。

なお、南予三〇キロ圏の七自治体に対しては、これまでに請願書を手渡して、自治体の首長に敷地内貯蔵に反対の意思表明することを求めている」（二〇一八年四月号）。

関西電力では、福井県知事の意向に従って同県外での中間貯蔵施設候補地を探している。和歌山県白浜町で動きがあった。「避難計画を案ずる関西連絡会」の小山英之さんの報告。

「四月十六日、避難計画を案ずる関西連絡会の九名（京都・兵庫・大阪）は和歌山県白浜町を訪れた。井澗《いたに》町長に、使用済み燃料の中間貯蔵施設は受け入れないとの意思表明を求める要望書（全国二〇〇の団体が賛同）を手渡し、一時間以上議論した。二月二十三日に要望書を提出した和歌山県の市民五名が立ち会った。

なぜ意思表明しないのかを問うと町長は、国のエネルギー政策をもち出し、『中間貯蔵施設はどこかで必要、アンケート等で町民の意見を聞くこと、事業者の意見を聞くことも必要』などと繰り返した。終了後、反対の声をいっそう大きく広げていく必要があることを参加者で確認した」（二〇一八年五月号）。

続いて、「核のゴミはいらん日置川の会」の冷水《しみず》喜久夫さんが報告する。

「和歌山県では、高レベル放射性廃棄物の受け入れ反対を県知事や各市町長はしましたが、中間貯蔵施設は『国や事業所の申し入れがないので、受け入れはしない』と白浜町長らの現時点での考えです。『はっきり断る』姿勢にはなっていません。白浜町日置川地域の海岸線の山林は、関西電力と関連会社が約一二〇万平方メートルを所有しており、核燃料を運ぶのに適していると思われる港湾も近くにあります。

こうした状況に危惧を抱いた原発反対住民は七月二十九日、『核のゴミはいらん日置川の会』結成大会を開催し、美浜の会の小山英之氏を講師に迎え、『中間貯蔵施設はいらない』の講演会を開きました。白浜ではまた、九月九日に『核のゴミはいらん白浜の会』設立大会を予定しています。今後、白浜町でのミニ集会や学習会の開催、町議会、区長会、町内各団体への働きかけ、組織の拡大を図りながらあらゆる手法で阻止しなければなりません」（二〇一八年九月号）。

女川原発再稼働を県民投票で問う運動スタート

女川原発2号機の再稼働問題が大詰めとなるのを前に、宮城県民投票条例の制定を求める運動が二〇一八年春に動き出した。「みんなで決める会・宮城」の多々良哲代表が、その意義を説く。

「住民直接請求を成立させるには、県民有権者の五〇分の一（宮城県では約四万人）の署名を二ヵ月間で集めなければなりません。今春『女川原発再稼働の是非をみんなで決める県民投票を実現する会（みんなで決める会・宮城）』を立ち上げてから、私たちは県内の各市町村で学習会を開催し、署名集め協力者（受任者）を募ることに力を注いできました。九月までに約七〇〇〇人の受任者が事前登録され、条例案の策定等の準備も整いましたので、この十～十一月を署名期間と設定し、二ヵ月間の署名運動をスタートしました。

この間、私たちが実感していることは、『大事なことはみんなで決めよう。子ども達の未来に関わる「原発」のことはみんなで決めよう。私たちが暮らす宮城のことは私たちが決めよう』という呼びかけが、広範な人々に受け入れられるということです。当たり前の『自己決定権』、当たり前の民主主義の実現を訴えれば、多くの人々の共感を呼ぶということです」（二〇一八年十一月号）。

島根3号の新規制基準適合性審査入り強行

建設中の島根原発3号機について中国電力は、新規の原発としての運転開始に向けて新規制基準適合性審査を原子力規制委員会に申請するため、島根県と松江市に事前了解を求めた。「さよなら島根原発ネットワーク」の芦原康江さんらが抗議行動を行なった。

「中国電力は、3号機適合性審査申請の事前了解願を五月二十二日に島根県と松江市に行なった。同日、周辺三〇㎞圏内自治体には『報告』が行なわれている。この間、鳥取県側からは『3号機については何も説明を聞いていない』と、不快感を示すコメントが出され、中国電力は慌てて周辺自治体も含めて3号機の説明に回った。説明を受けた鳥取県などが一回だけの説明に納得していない中の強引な申し入れである。

私たちは、この中国電力による事前了解願いの動きに対して、五月十八日に中国電力本社に抗議と事前了解願いの撤回を求めて申し入れを行なった。また、この間、島根県や松江市に対して、周辺自治体が松江市と同等の事前了解権を持つ安全協定を結ぶまで、事前了解の可否を検討しないよう要請してきた」（二〇一八年六月号）。

「多くの住民が『これ以上、原発は必要ない』と訴えたにもかかわらず、島根県知事は八月九日に中国電力に対して、島根原発3号機の新規制基準適合性審査申請を了解するとの回答を行なった。中国電力はさっそく十日に原子力規制委員会に申請した。この間、周辺自治体は事前了解権つきの安全協定を強く求めており、鳥取県境港市議会は、私たちの訴えを受け、決議文を作成して中国電力に突きつけた。この周辺自治体側の要求を当然と考え、中国電力に自治体側の要求を受け入れるよう今後も強く要求していきたいと考えている」(二〇一八年九月号)。

二〇一九年　廃炉は続く

玄海2号廃炉決定

二〇一九年二月十三日、九州電力は玄海原発2号機の廃炉を決定した。「玄海原発プルサーマルと全基をみんなで止める裁判の会」の永野浩二さんは、「運転開始後三八年を経た老朽原発の廃炉は当然だ」としつつも、「しかし、使用済み核燃料や放射性廃棄物の処分方法は決まらないままだ」と強調する。

「一月二十二日、九州電力は昨年再稼働した玄海原発3・4号機の使用済み核燃料貯蔵プールの満杯が迫っているとして、乾式貯蔵施設建設とプールのリラッキング工事について国に申請し、佐賀県と玄海町に事前了解願を出した。乾式施設では貯蔵中のキャスク内部の損傷や地震による建屋の倒壊など、その安全の保証はない。リラッキングは、間隔を狭めて貯蔵量を六割も増やして、ぎゅうぎゅうに詰め直すものだ。発熱量が高くなり、事故時の危険も高まる。

住民の放射能に対する不安を取り除き、将来世代へのツケ回しをやめるために、乾式貯蔵施設建設とリラッキング工事を中止させるとともに、玄海3・4号機の稼働もただちに止めて廃炉とさせなければならない（二〇一九年三月号）。

宮城県民投票条例は不成立

二〇一九年三月十五日、「女川原発再稼働の是非を問う県民投票条例」の制定を求める直接請求は、県議会で否決された。「みんなで決める会・宮城」の多々良哲会長は悔しさの中でも悲観はしていない。

「今回は県民投票条例の制定には至りませんでしたが、この運動を通じて獲得したものはとても大きいと考えています。なによりも、この県民投票運動が、これまでになく多くの県民の共感を呼び、広範な県民が参画する運動となったことです。

多くの県民は、『原発』の問題について自分の『思い』を持っており、意思表示する機会を求めていることが、改めて示されました。それはもちろん、八年前の福島原発事故によって、宮城県にも深刻な汚染がもたらされ、県民だれもが原発事故被害者となった共通体験を持っているからです。そして、隣県福島の人々のその後の苦難を知っている宮城県民が、今度は自分たちの県にある原発の再稼働を目前にして、『私たちの意見を聞いてから決めてほしい』と願うのは、あまりにも当然のことなのです。

廃止原発一覧

廃止	電力会社名	原発名	炉型
2019年	東京電力	福島第二1号	沸騰水型軽水炉
		福島第二2号	
		福島第二3号	
		福島第二4号	
	九州電力	玄海2号	加圧水型軽水炉
2018年	東北電力	女川1号	沸騰水型軽水炉
	四国電力	伊方2号	加圧水型軽水炉
	関西電力	大飯1号	
		大飯2号	
2016年	日本原子力研究開発機構	もんじゅ	高速増殖炉
2015年	四国電力	伊方1号	加圧水型軽水炉
	中国電力	島根1号	沸騰水型軽水炉
	九州電力	玄海1号	加圧水型軽水炉
	関西電力	美浜1号	
		美浜2号	
	日本原子力発電	敦賀1号	沸騰水型軽水炉
2014年	東京電力	福島第一5号	
		福島第一6号	
2012年		福島第一1号	
		福島第一2号	
		福島第一3号	
		福島第一4号	
2009年	中部電力	浜岡1号	
		浜岡2号	
2003年	日本原子力研究開発機構	ふげん	新型転換炉
1998年	日本原子力発電	東海	ガス冷却炉

今回の署名運動や県議会での論戦によって、『原発』の問題が、いっそう多くの県民の関心事となり、『わがこと』として考え、話し合うきっかけになりました。女川原発2号機再稼働を認めるか否か、まもなく私たちの宮城県に問われることが、県民に知れ渡るところとなり、この問題から出来るだけ県民の関心をそらそうとする思惑は砕かれました。この意義はとても大きいものです。

私たちは、今回の運動で、私たちが目指した『民意を形にし、力に変える』ことの大きな可能性を掴みました。これを土台にして、『原発のことは民意で決める』運動を、さらに広く大きく進めていきます」（二〇一九年四月号）。

名言の宝庫

「多くの県民は、『原発』の問題について自分の『思い』を持っており、意思表示する機会を求めていることが、改めて示されました」。けだし名言である。思えば『はんげんぱつ新聞』は、現場からの名言の宝庫と言えるかもしれない。そのいくつかを紹介して結びに代えたい。

大地や海はそこにすむ人間の宝であり、城であり、生活の場である。これを安易に売り渡してはならない。健康で安心して住める土地があることは人生最上の幸福であると私は思う。（熊野市井内浦原発設置反対同盟　向井比徳――一九七八年五月号）

宮城県議会の傍聴席は埋め尽くされた。2019年2月21日。

今までも、またこれからも、原発に土地を売らない運動で闘い続け、派手な行動せずとも無手勝流で頑張り勝ちぬく決意です。土地を売って原発が出来た。墓石を背負って移転だ。そんなことは絶対やらない。（棚塩原発反対同盟　舛倉隆――一九七八年六月号）

私たちは全くの素人でありまして、原子力関係の法律がどうなっているか、知りません。たとえ法律によって許されたとしても、原子力発電所が出来たことにより、人の命にかかわる問題になることが予測出来るのであれば、その法律こそかえてもらわねばなりません。（伊方原発2号炉訴訟原告井上常久――一九八〇年三月号）

原発をなくし、原発を誘致する自治体の体質を改善しなければ、理想郷は生まれな

いと私は思う。（伊方原発反対八西連絡協議会　広野房一――一九八七年七月号）

脱原発とは、核のゴミを生み出す私たちの生き方を問い直すこと。（原子力発電に反対する福井県民会議　小木曽美和子――一九九〇年十一月号）

人が自然の恩恵を忘れ利潤にのみ生きるとしたら、それは〝ヒト〟ではあっても〝人〟ではない。私は、人として生きるため、断じて原発を許さない。（女川原発反対同盟　阿部宗悦――一九九二年十二月号）

一人の勇気は悲しいほど小さいかもしれないけれど、小さな勇気をつないでいけば、大きな力がきっとうまれてきます。（新潟市　桑原三恵――二〇〇八年四月号）

〔風力発電所計画について〕原発を拒否した町だからこそ、十分に検討をして間違いのないようにしたい。（和歌山県日高町議会議長　一松輝夫――二〇〇八年十月号）

原発だけでなく、この社会のことをいっしょに考えたり話し合ったりできる人間関係だけは、なんとしても残していかないと。原発計画を追い出した珠洲とか、プルサーマル拒否の住民投票をした刈羽とかは、たまり場があるわけですよ。そうしたものがあれば、天の時、地の利を得て

動ける。（能登原発差止訴訟原告団　多名賀哲也――二〇一〇年一月号）

東南海、南海地震が伊方を襲う前に、原発を止めたい。それが、今回の大災害で犠牲になられた方々への、わたしたちのできる唯一の支援ではないのかと思っています。（八幡浜・原発から子どもを守る女の会　斎間淳子――二〇一一年四月号）

理想論かもしれませんが、必要だと考えている三つのキーワードがあって、次のようなものです。「あきらめない」「つながる」そして、それぞれが「自分の頭で考える」。（福島原発告訴団　武藤類子――二〇一六年一月号）

これらの言葉から導かれるのは、昔も今も変わらない人々の「思い」だろう。運動は、さまざまに変わっている。反原発・脱原発の運動は、本書に示されるように常に「ニューウェーブ」を生みだしながら続けられてきた。続けられている。と同時に、やはり変わっていない。

原発をなくすことだけにとどまらない「理想郷」を求めて、これからも運動は、自らの「生き方」を問いつつ続いていく。

日本の反原発運動略年表

住民運動、労働運動、市民運動とも多彩な反原発運動を行なっており、成果も少なくない。ここに載せたのは、そのごく一部である。

1954年

3月1日　米のビキニ水爆実験で第五福竜丸などの漁船員らが被曝。

3月2日　初の原子力予算が国会上程（4・1成立）。

4月23日　日本学術会議、〝自主・民主・公開〟の3原則を声明。

1955年

11月14日　日米原子力協力協定調印。

12月19日　原子力基本法など関連3法公布。

1956年

1月1日　原子力委員会発足。

1957年

6月10日　原子炉等規制法公布

7月2日　京都府宇治市議会が関西共同原子炉設置反対決議。

11月1日　日本原子力発電（株）設立。

1962年

9月12日　国産1号研究炉JRR－3が臨界。

1963年

10月26日　動力試験炉JPDRが、日本初の原子力発電。

1964年

6月22日　三重県南島町議会が芦浜原発反対決議。

1965年
9月25日　茨城県議会が東海再処理工場建設反対決議（69年10月6日、条件付きで設置承認）。

1966年
7月25日　東海原発が営業運転開始。
9月19日　衆議院科学技術振興対策特別委員会の芦浜視察（中曽根康弘理事ら）を南島町漁民が実力阻止。

1967年
10月2日　動力炉・核燃料開発事業団設立。

1969年
1月30日　和歌山県太地町議会が、関西電力の那智勝浦、古座両原発計画に反対する決議。
11月1日　「全国原子力科学技術者連合」旗揚げ。

1970年
3月14日　日本原子力発電敦賀1号が営業運転開始。
11月28日　関西電力美浜1号が営業運転開始。

1971年
3月26日　東京電力福島第一1号が営業運転開始。軽水炉時代の幕開け。
10月8日　和歌山県の那智勝浦町議会が、関西電力の原発誘致反対を決議。

1972年
3月11日　三重県熊野市議会が中部電力の原発計画拒否決議。
7月15日　新潟県柏崎市荒浜地区で、原発賛否の住民投票。反対が八六・五パーセント。

1973年
8月27日　四国電力伊方1号原子炉設置許可取り消し訴訟提訴（全国初）。
10月20日　兵庫県浜坂町議会、関西電力の原発計画反対請願を採択。
11月9日　三菱原子力工業大宮研究所の臨界実験装置を、住民の反対で撤去。

1974年
8月25日　青森県むつ市大湊港で原子力船「むつ」出港阻止行動。
9月1日　「むつ」で放射線漏れ。五〇日間帰港できず。

1975年
8月24日　京都市で初の反原発全国集会（〜26日）。
9月　原子力資料情報室発足。
11月27日　全国初の核燃料搬入阻止闘争。中国電力島根1号への搬入を大幅に遅らす。

1977年
10月26日　全国各地で第一回「反原子力の日」行動。電産山口県支部が初の反原発スト。

1978年
5月14日　山口県豊北町長選で中国電力の原発計画反対の候補が圧勝。
5月15日　『反原発新聞』創刊。
10月4日　原子力安全委員会発足。
10月10日　「むつ」佐世保入港阻止行動。
10月26日　電産中国の五県全支部が初の反原発スト（98年12月6日の電産中国解散まで毎年）。

1979年
3月28日　米スリーマイル島原発で炉心溶融事故。
4月5日　全国の住民代表らが通産省と徹夜交渉（〜6日）。
6月11日　徳島県阿南市長が原発計画を白紙にと表明。12日には県知事も。16日、そろって四国電力に通知。
6月28日　九州電力株主総会に反原発株主が初参加。以後、各電力会社総会にも。
7月8日　新潟県巻町の東北電力原発計画用地内の共有地に、巻原発反対共有地主会が浜茶屋を建設。
11月26日　原子力安全委員会・日本学術会議主催の「スリーマイル島事故学術シンポジウム」に全国の住民らが抗議行動。

1980年
1月7日　関西電力高浜3、4号増設をめぐる初の公開ヒアリングに抗議行動。以後、ヒアリング開催のたびに抗議。

1月19日　第一回ムラサキツユクサ関係者全国交流集会（〜20日）。
3月8日　第一回核燃料輸送反対全国交流集会（〜9日）。
9月27日　和歌山県串本町議会が関西電力の古座原発計画に反対決議。
10月25日　中国電力島根2号増設に係る環境影響評価説明会、抗議で流会。
12月3日　東京電力柏崎刈羽2、5号増設をめぐる初の第一次公開ヒアリング阻止行動（〜4日）。抗議行動から阻止行動に転換。
12月24日　高知県中土佐町議会が四国電力の窪川原発計画に反対決議。

1981年
3月8日　原発推進の高知県窪川町長リコール（4月19日に帰り咲き）。
9月20日　和歌山県那智勝浦町長選で関西電力の原発計画反対の候補が当選。

1982年
5月21日　茨城県東海村から福井県敦賀市まで、「もんじゅ」反対の「プルトニウム街道キャラバン」（〜29日）。
7月19日　高知県窪川町議会で、原発設置に係る町民投票条例成立（全国初）。
11月11日　長崎県平戸市長が再処理工場誘致反対を正式表明。
11月26日　浜岡原発からフランスへの使用済み燃料搬出に初の抗議行動。

1983年
2月6日　和歌山県古座町長選で関西電力の原発計画反対の候補が当選。
5月13日　中国電力島根2号増設の公開ヒアリングで、反対派が参加しての抗議行動（〜14日）。
8月27日　京都市で「反原発全国集会1983」（〜28日）。

1984年
9月21日　北海道中川町議会が、幌延高レベル廃棄物施設計画に反対の請願を採択。
11月15日　フランスからのプルトニウム輸送船「晴新丸」の東京港入港に抗議行動。

1985年

9月13日　北海道知事が幌延町での高レベル廃棄物施設計画に反対を表明。

10月9日　北海道苫小牧から東京へ、幌延高レベル廃棄物施設計画反対を訴える「道民の船」（〜11日）。

1986年

4月26日　旧ソ連チェルノブイリ原発で暴走事故。

7月19日　青森県六ヶ所村で漁民らが核燃料サイクル施設建設に向けた海洋調査阻止行動。

12月22日　山口県萩市で中国電力の原発計画に反対する市民が計画地中心部の土地を共有登記。

1987年

1月20日　岡山県哲多町議会が放射性廃棄物持ち込み拒否宣言。

5月3日　札幌市で「ノー！ノー！核のゴミ捨て場　女・子供の1000人フェスティバル」。

9月27日　三重県熊野市議会が原発抜きで地域活性化に取り組む決議。

12月26日　違法工事の金具を蒸気発生器に取り付けたまま運転を続けていた大飯2号、美浜3号が、住民の強い要求で停止。

1988年

1月28日　高知県窪川町長が原発誘致断念を表明。翌日、辞職。

2月11日　伊方2号での出力調整試験に四国電力前で抗議行動（〜12日）。

3月20日　北海道浜頓別町議会が幌延高レベル廃棄物施設計画反対を決議。

3月20日　窪川町長選で「郷土をよくする会」推薦候補が当選。

3月30日　和歌山県日高町の比井崎漁協が総会で日高原発計画の事前調査受け入れ案を廃案。

3月31日　岡山県哲西町議会が放射性廃棄物持ち込み拒否宣言。

4月23日　東京で「原発とめよう2万人行動」

7月3日 （〜24日）。
7月21日 和歌山県日置川町長選で関西電力の原発計画反対の候補が当選。
12月29日 北海道電力泊原発への初装荷燃料搬入に海陸で阻止行動。
青森県農協・農業者代表大会が核燃料サイクル施設反対を決議。

1989年

1月26日 中国電力青谷原発計画地内の土地取得を市民団体が公表。
4月9日 青森県六ヶ所村で核燃料サイクル施設反対の一万人行動。
5月12日 石川県珠洲市で関西電力の原発計画事前調査を阻止。19日、市民が市長との面談を求め市役所に泊まり込み（〜6月30日）。
7月23日 参院選に「原発いらない人びと」出馬（当選はならず）。青森選挙区では核燃料サイクル施設反対の候補が圧勝。

1990年

4月27日 脱原発法制定請願署名第一次国会提出（二五〇万人分）。
7月20日 北海道議会が幌延高レベル廃棄物施設計画に反対決議。
8月31日 鳥取県東郷町の方面地区自治会と動力炉・核燃料開発事業団が、ウラン残土撤去協定。
10月18日 岡山県議会に三四万人の署名を添えて高レベル廃棄物拒否条例制定を求める請願（11月5日県議会は否決）。
11月9日 大阪府原子炉問題審議会で、京都大学原子炉実験所長が2号炉設置計画の断念を表明。
12月18日 広島県口和町議会が放射性廃棄物持ち込み拒否宣言。
12月25日 高知県窪川町議会が立地調査協定の撤回を決議。

1991年

3月12日 北海道豊富町議会が幌延高レベル廃棄物施設計画に反対する決議。
4月1日 岡山県湯原町議会で全国初の放射性

廃棄物持ち込み拒否条例施行。

4月26日　脱原発法制定請願署名第二次国会提出（計三三〇万人分）。

9月27日　青森県六ヶ所村で濃縮工場へのウラン初搬入に道路座り込み阻止行動。

12月19日　北海道中頓別町議会が幌延高レベル廃棄物施設計画に反対する決議。

12月20日　岡山県柵原町議会が再処理回収ウランの県内持ち込み拒否決議。

12月24日　福島県相馬地方広域市町村圏組合議会が、福島第一7、8号増設計画に反対の意見書を採択。

1992年

3月11日　福島県相馬市議会が、福島第一7、8号増設計画に反対の意見書を採択。

3月13日　岡山県有漢町議会が再処理回収ウランの県内持ち込み拒否決議。

5月28日　科学技術庁が出した核燃料輸送の情報秘匿通達に対し、全国各地の住民らが撤回申し入れ。

9月21日　北海道浜益町議会の原発対策委が北海道電力の原発誘致断念の報告。

9月28日　岡山県久米南町議会が再処理回収ウランの県内持ち込み拒否決議。

10月10日　志賀1号の試運転入りを前に、石川県志賀町民らが自主避難訓練。

12月27日　茨城県東海村豊岡海岸で、フランスからのプルトニウム輸送船「あかつき丸」の入港監視キャンプ（～93年1月5日）。

1993年

1月5日　「あかつき丸」入港抗議行動。

1月31日　福島県大熊町で「よそにまわすな！放射性廃棄物―六ヶ所と福島を結ぶ集い」。

2月6日　福島第一原発からの放射性廃棄物輸送船出港に抗議行動。六ヶ所村まで三三〇キロの「レインボウ・ウォリアーズ・ラン」も。

2月26日　三重県南島町議会で、原発立地に係る町民投票条例が成立。

3月12日　福井県河野村議会が敦賀3、4号増設計画に反対の申し入れ書を採択。

3月22日　福井県越前町議会が敦賀3、4号増設計画に反対の陳情を採択。

3月24日　宮崎県串間市のJA大束が九州電力の原発立地に反対する決議。

4月28日　青森県六ヶ所村で再処理工場着工に抗議行動。

6月26日　東京で第1回「ノーニュークス・アジアフォーラム」（〜27日）。

10月5日　宮崎県串間市議会で、原発立地に係る町民投票条例が成立。

10月8日　宮崎県串間市のJA串間市が原発反対決議。

10月20日　鳥取県東郷町方面地区でウラン残土の撤去に着手。

1994年

1月14日　宮崎県串間市のJA市木が原発立地反対を決定。

3月18日　大分県蒲江町議会が九州電力の原発計画反対を決議。

1995年

1月17日　阪神・淡路大震災。

1月22日　新潟県巻町で、町選管も協力しての自主住民投票。原発反対が九五パーセント。

2月12日　市民と科学技術庁、動燃事業団が「もんじゅ」をめぐり第一回の公開討論。

3月24日　和歌山県日置川町議会が、原発計画を削除した町の長期基本構想案を可決。

3月24日　三重県南島町議会で、環境調査の賛否も町民投票に問う条例が成立。

3月31日　山口県萩市が原発問題対策事務局を廃止。

4月22日　青森県六ヶ所村へのフランスからの返還高レベル廃棄物初搬入に阻止行動。

6月26日　新潟県巻町で、原発計画の賛否を問う住民投票条例が成立。

12月1日　九州電力が串間原発計画の凍結を表明。

12月8日 「もんじゅ」でナトリウム漏洩・火災事故。
12月14日 三重県紀勢町で、原発立地に係る住民投票条例が成立。

1996年
1月21日 新潟県巻町長選で「住民投票を実現する会」の候補者が当選。
5月31日 三重県南島町原発阻止闘争本部（本部長＝町長）が県知事に、芦浜原発に反対する八一万人分（有権者の過半数）の署名を提出。
8月4日 新潟県巻町で、東北電力の原発計画賛否の住民投票。六一パーセント（有権者数の五四パーセント）が反対。

1997年
3月11日 東海再処理工場アスファルト同化施設で火災・爆発事故。
5月17日 七月に7号が営業運転に入ると柏崎刈羽原発が世界最大の原発基地となる新潟県柏崎市で「エネルギー政策の転換を求める反原発全国集会97」（〜18日）。
6月15日 山口市で「上関原発いらん!!山口県集会」。地元団体、労働団体、市民団体が初めて共催。

1998年
2月22日 原発反対福井県民会議が、原子力安全委員会、科学技術庁、動燃事業団と「もんじゅ事故調査公開討論会」。
4月18日 市民グループと関西電力が、プルサーマル計画をめぐって「ディスカッションのつどい」。
9月8日 北海道岩内町農協理事会が泊原発3号増設反対決議。

1999年
3月29日 北海道、岐阜、岡山の市民団体が「高レベル放射性廃棄物の地層処分に反対する共同声明」。
3月30日 岐阜県土岐市議会で放射性廃棄物の持ち込み禁止条例施行。
5月15日 中国電力による上関原発設置計画に係る環境影響調査の地元説明会、抗議で中止。

8月23日　上関原発計画地で新種の巻貝を確認。その後も環境影響調査の不備を明かす「自然の宝庫」の証拠続々。

9月30日　茨城県東海村JCO核燃料加工工場で臨界事故。

12月16日　関西電力が高浜4号用MOX燃料の使用中止を決定。市民グループによるデータ捏造の追及に逃げ切れず。

2000年

2月22日　三重県知事が県議会で芦浜原発計画を白紙に戻すべきと表明。即日、中部電力社長が断念表明。

3月30日　鹿児島県屋久町で放射性廃棄物持ち込み・原子力施設の立地拒否条例施行。

7月6日　鹿児島県西之表市で放射性廃棄物持ち込み拒否条例施行。

9月8日　九州電力の川内3号増設環境影響調査申し入れに対し、鹿児島県庁でダイ・インなどの抗議行動。県庁前で6日から座り込みも。

9月28日　鹿児島県中種子町で放射性廃棄物持ち込み拒否条例施行。

12月26日　鹿児島県上屋久町で放射性廃棄物持ち込み・原子力施設の立地拒否条例施行。

12月26日　新潟県刈羽村議会で、プルサーマルの賛否を問う住民投票条例が成立。

2001年

3月23日　鹿児島県十島村で放射性廃棄物持ち込み拒否条例施行。

5月27日　新潟県刈羽村住民投票で有効投票の五四パーセント（有権者数の四七パーセント）がプルサーマル反対。

11月18日　推進派が仕掛けた三重県海山町での住民投票で、原発反対が有効投票の六七・五パーセント（有権者数の六〇パーセント）。

2002年

8月29日　東京電力のトラブル隠し発覚。

10月11日　福島県議会が、プルサーマル計画の白紙撤回などを盛り込んだ意見書、新潟県議会が柏崎刈羽原発の全基停止を求める意見書をそれぞれ採択。

2003年

1月27日　名古屋高裁金沢支部が、「もんじゅ」設置許可の無効確認判決（2005年5月30日最高裁で逆転）。

4月15日　東京電力の原発一七基がすべて停止（5月6日に柏崎刈羽6号が再開するまで）。

6月7日　東京で「原発やめよう全国集会2003」。全国五二基中二九基が停止中。

6月13日　台湾の第四原発に向けた原発機器の積み出しに対し、呉港で海上抗議（04年7月2日にも）。

9月18日　石川県輪島市議会が、珠洲原発計画撤回を求める意見書採択。

12月5日　関西・中部・北陸電力が、珠洲原発計画「凍結」を石川県珠洲市に申し入れ。

12月24日　東北電力が巻原発計画の撤回を発表。

2004年

2月4日　東北電力が巻原発計画の設置許可申請を取り下げ。

7月2日　島根県西ノ島町で放射性廃棄物持ち込み・原子力施設の立地拒否条例施行。

2005年

3月25日　宮崎県南郷町で放射性廃棄物持ち込み・原子力施設の立地拒否条例施行。

3月30日　鹿児島県笠沙町で放射性廃棄物持ち込み・原子力施設の立地拒否条例施行。

11月16日　六ヶ所再処理工場の12月試運転入りを中止させるため、青森の市民グループが資源エネルギー庁前で座り込み（～18日）。政府と青森県に宛て六五万人分の署名提出。19日には全国集会。日本原燃は18日、試運転開始予定を2月に延期。

2006年

2月9日　京都府京丹後市が関西電力に久美浜原発計画の撤回を申し入れ。
3月8日　関西電力が久美浜原発計画撤回を回答。
3月24日　金沢地裁で志賀2号運転差し止め判決（09年3月18日高裁で逆転）。
8月10日　鳥取県湯梨浜町（旧東郷町）方面地区に残っていたウラン残土の撤去開始。

2007年

3月19日　長崎県対馬市議会が高レベル廃棄物処分場誘致反対決議。
3月20日　宮城県大郷町議会が研究所等廃棄物処分場誘致反対決議。
4月5日　高知県東洋町で、高レベル廃棄物処分場候補地に独断で応募した町長が、リコールを避けて辞任。
4月22日　東洋町長選で、返り咲きを狙った前町長に大差をつけて応募反対の候補が当選。翌日、応募取り下げ。
5月21日　東洋町で放射性物質等持ち込み拒否条例施行。
6月20日　鹿児島県宇検村で放射性廃棄物等持ち込み拒否条例施行。
7月16日　中越沖地震。柏崎刈羽原発全七基停止。
12月22日　中部電力が浜岡1、2号の廃炉を決定。

2009年

9月10日　上関原発計画地で海面埋め立て阻止行動（継続的に攻防が続き11年3月15日中国電力が工事中断を表明）。

2011年

3月11日　東日本大震災。福島第一1〜4号でメルトダウン・水素爆発事故。
3月22日　福島県川俣町議会が県内全原発の廃止などを求める意見書採択。
4月10日　「素人の乱」呼びかけの東京・高円寺デモに一万五〇〇〇人が参加。
4月20日　九州電力本社前で座り込み開始。
5月6日　菅首相が浜岡原発全三基の一時停止を中部電力に要請。14日に全基停止。

6月9日　福井県小浜市議会が、原発からの脱却を求める意見書採択。

6月11日　市民団体呼びかけによる全国・全世界同時行動「脱原発一〇〇万人アクション」。東京・新宿アルタ前に三万人。

8月5日　大分県国東市議会が、四〇キロ圏の上関原発計画中止を求める意見書採択。

9月11日　経済産業省前に「脱原発テント」設置。

9月19日　東京で「さようなら原発集会」に六万人が参加。

9月26日　静岡県牧之原市議会が、浜岡原発の永久停止を求める決議。

11月17日　原発震災を防ぐ全国署名が一〇〇万筆を超え、経産大臣宛てに提出。

12月5日　福島県南相馬市議会が、県内全原発の廃炉と浪江・小高原発計画中止を求める決議。

12月8日　静岡県富士市議会が浜岡原発の廃炉を求める意見書採択。以後、県内市町村議会で意見書や決議続々。

12月9日　北海道稚内市議会が、高レベル処分場調査拒否の意見書採択。

12月21日　福島県浪江町議会が、県内全原発の廃炉を求める決議と浪江・小高原発誘致撤回決議。

12月28日　福島県が復興計画で、県内全原発の廃炉求める。

2012年

1月14日　横浜市で「脱原発世界会議」（～15日）。

3月11日　福島県郡山市で「原発いらない！福島県民大集会」（以後、毎年開催）。

3月15日　茨城県つくば市議会、筑西市議会が、東海第二原発の廃炉を求める意見書採択。以後、県内の多くの市町村議会で意見書や決議。

3月20日　全国の中小企業経営者らが脱原発のネットワーク設立。

3月21日　新潟県湯沢町議会が、柏崎刈羽原発の再稼働を認めない決議。

3月29日　首相官邸前抗議行動、始まる。
4月19日　東京電力が福島第一原発1〜4号を廃止。
5月5日　国内全原発が停止（7月5日まで）。
6月11日　福島県民一三二四人が東京電力の幹部らを業務上過失致傷などで告訴・告発。
6月12日　「さようなら原発」署名約七五〇万筆を衆院議長に提出（6月15日官房長官にも）。
6月13日　福島県南相馬市議会が、国内全原発の再稼働に反対する意見書採択。
6月30日　大飯原発ゲート前で再稼働阻止行動（〜7月2日）
7月16日　東京で「さようなら原発集会」。一七万人参加。
8月10日　福島県いわき市議会が、県内全原発の廃炉を求める請願を採択。
10月20日　女川原発から三〇キロ圏の宮城県美里町で、町が後援し再稼働反対の町民大集会。
11月15日　全国各地の一万三二六二人が東電幹部らを告訴・告発。
12月25日　鹿児島県南大隅町で放射性物質等受け入れ・原子力関連施設立地拒否条例施行。

2013年

3月28日　東北電力が浪江・小高原発の建設計画を中止。
4月15日　「原子力市民委員会」設立。
8月29日　福島第一、第二原発立地四町の町長・町議会議長による原発所在町協議会が、県内全原発の廃炉を国と東京電力に求める方針を確認。
9月15日　再び国内全原発が停止（15年8月11日まで）。
10月25日　福井県が、全国初の「廃炉・新電源対策室」を新設。

2014年

1月31日　福島第一5、6号廃止。
4月3日　北海道函館市が対岸の大間原発差し止め提訴。

5月7日　小泉純一郎、細川護熙両元首相が立ち上げた「自然エネルギー推進会議」（細川代表理事）が設立総会。

5月21日　福井地裁が大飯3、4号の運転差し止め判決（18年7月4日、名古屋高裁金沢支部により取り消し）。

2015年

4月14日　福井地裁が高浜3、4号運転差止め仮処分決定（12月24日、別の裁判官により取り消し）。

4月27日　敦賀1号、美浜1、2号、玄海1号廃止。

4月30日　島根1号廃止。

7月17日　東京第5検察審査会で東電元会長らに起訴議決。

8月11日　川内1号で原子炉再起動、14日に5%出力で発電・送電を開始し、約2年ぶりに「原発ゼロ」でなくなる。

2016年

2月29日　東電元会長ら3人を業務上過失致死傷で東京地裁に強制起訴。

3月9日　大津地裁が高浜3、4号運転差し止め仮処分決定（17年3月28日、大阪高裁が取り消し）。

5月10日　伊方1号廃止。

12月21日　原子力関係閣僚会議でもんじゅ廃炉決定。

2017年

1月27日　米子会社ウェスチングハウスによる巨額赤字必至の東芝が、海外原子力事業見直し発表。

3月29日　ウェスチングハウスが米破産法に基づく更生手続きを申請。

4月14日　「原発ゼロ・自然エネルギー推進連盟」（会長＝吉原毅城南信金相談役）が発足。

7月28日　高レベル廃棄物処分場選定に向けた「科学的特性マップ」公表。

12月13日　広島高裁が伊方3号運転差し止め仮処分決定（18年9月25日、別の裁判官により取り消し）。

2018年

3月1日　大飯1、2号廃止。

3月6日　鹿児島県肝付町議会で、放射性廃棄物拒否条例が成立。

3月9日　4野党が国会に「原発ゼロ法案」を提出。

3月16日　北海道美瑛町議会で、放射性廃棄物拒否条例が成立。

3月29日　茨城県東海村と周辺5市でつくる首長懇談会、県、日本原電が、東海第二原発の再稼働等に際しての事前了解対象を拡大する新安全協定に調印。

5月31日　伊方2号廃止。

9月14日　鹿児島県屋久島町議会で、原子力関連施設の立地拒否条例が成立。

2018年

12月21日　女川1号廃止。

2019年

4月9日　玄海2号廃止。

9月19日　東電刑事裁判で、東京地裁が3被告に無罪判決。30日、指定弁護人が東京高裁に控訴。

9月30日　福島第二1～4号廃止。

索引

[著者略歴]

西尾漠（にしお　ばく）

NPO 法人・原子力資料情報室共同代表。『はんげんぱつ新聞』編集長。1947 年東京生まれ。東京外国語大学ドイツ語学科中退。電力危機を訴える電気事業連合会の広告に疑問をもったことなどから、原発の問題にかかわるようになって 46 年。主な著書に『原発を考える 50 話』（岩波ジュニア新書）、『原子力・核・放射線事故の世界史』『日本の原子力時代』『原発事故！』（七つ森書館）、『プロブレムＱ＆Ａなぜ脱原発なのか？［放射能のごみから非浪費型社会まで］』、『プロブレムＱ＆Ａどうする？ 放射能ごみ［実は暮らしに直結する恐怖］』『プロブレムＱ＆Ａむだで危険な再処理［いまならまだ止められる］』『プロブレムＱ＆Ａ原発は地球にやさしいか［温暖化防止に役立つというウソ］』『なぜ即時原発廃止なのか』『私の反原発切抜帖』（緑風出版）など。

反原発運動四十五年史《はんげんぱつうんどうよんじゅうごねんし》

2019年12月25日　初版第1刷発行　　　定価2500円＋税

著　者　西尾漠 ©
発行者　高須次郎
発行所　緑風出版
〒113-0033　東京都文京区本郷2-17-5　ツイン壱岐坂
［電話］03-3812-9420　［FAX］03-3812-7262［郵便振替］00100-9-30776
［E-mail］info@ryokufu.com［URL］http://www.ryokufu.com/

装　幀　斎藤あかね
制　作　R 企 画　　　印　刷　中央精版印刷・巣鴨美術印刷
製　本　中央精版印刷　　用　紙　中央精版印刷・巣鴨美術印刷　E1200

ISBN978-4-8461-1921-8　C0036